21世纪高职高专IT类专业系列教材

网络综合布线教程

基于 智能 小区环境

● 主　编　李冠楠

● 副主编　梁景福　麦宝宏

U0396511

华南理工大学出版社
SOUTH CHINA UNIVERSITY OF TECHNOLOGY PRESS

·广州·

图书在版编目（CIP）数据

网络综合布线教程：基于智能小区环境/李冠楠主编. —广州：华南理工大学出版社，2018.1（2018.8重印）

21世纪高职高专IT类专业系列教材

ISBN 978-7-5623-5482-6

Ⅰ.①网⋯　Ⅱ.①李⋯　Ⅲ.①计算机网络－总体布线－高等职业教育－教材
Ⅳ.①TP393.033

中国版本图书馆CIP数据核字（2017）第286828号

网络综合布线教程——基于智能小区环境

李冠楠　主编　　梁景福　麦宝宏　副主编

出 版 人：卢家明

出版发行：华南理工大学出版社

　　　　　（广州五山华南理工大学17号楼，邮编510640）

　　　　　http：//www. scutpress. com. cn　　E-mail：scutc13@ scut. edu. cn

　　　　　营销部电话：020－87113487　87111048（传真）

责任编辑：何丽云

特约编辑：罗志坚

印 刷 者：虎彩印艺股份有限公司

开　　本：787mm×1092mm　1/16　印张：10.5　字数：240千

版　　次：2018年1月第1版　2018年8月第2次印刷

定　　价：28.00元

21世纪高职高专 IT 类专业系列教材

编 委 会

主　任： 陈遵德

副主任： 杨小东　宋海生　刘　海

编　委：（以姓氏笔画为序）

朱义勇　张宇辉　陈志涛

李俊杰　钟江鸿

前　言

　　信息时代，计算机网络已成为人们日常生活和工作中极其重要的一部分，人们利用计算机网络进行信息数据的接收与传递，简化了信息数据传输步骤，加快了数据传送速度，提高了信息数据传送的准确性。综合布线系统因而成为实现接入网络的物理实现，也是现代智能化建筑和智能化小区的一个重要组成部分，是近年来网络技术研究领域中一个发展迅速、不可或缺的内容。

　　本书系统地介绍了综合布线系统的概念、结构、产品、工程设计、项目管理、安装施工、测试验收等方面的内容。本书的编写力求做到理论知识与实际操作紧密结合，重点突出、论述清楚，做到深入浅出、通俗易懂，注重在实际中的工程应用，书中除了讲述综合布线工程设计、施工安装和测试验收知识外，还列举了现今智能化小区的五个系统进行详细的介绍和操作讲解，充分体现了综合布线的技术性与工程性。本书结合编者多年来在综合布线方面教学与实际应用的经验，满足高职院校电子信息类专业课程的教学需求，是一本实用性强的综合布线指导教材。

本书共分十章，第一章主要概述综合布线系统的定义、标准及架构原理；第二章主要介绍综合布线系统的设计标准与原则，并通过案例分析进行讲解；第三章介绍了网络的各种传输介质和制作方法；第四章介绍了综合布线的施工要求与施工方法；第五章介绍了综合布线工程验收内容和测试工具的使用方法；第六章至第十章介绍了智能化小区中的五个重要系统，分别是安防报警系统、对讲门禁控制系统、智能家居系统、智能巡更系统、智能布线管理系统，并采用文字描述与相应的操作图例相结合的方法，详细地讲解了各系统的使用与操作方法。

由于作者的水平有限，书中难免存在错误和不足之处，敬请广大读者批评指正。

编　者
2017年11月

目　　录

第一章　综合布线系统

1.1　网络综合布线系统概述

　　网络综合布线系统是通信技术与建筑工程密切结合的产物。所谓布线系统是指按标准统一的技术规范，运用系统科学原理和结构化方法，共同设计、布置和铺设建筑物内或建筑群之间各种系统的通信线路。网络综合布线是综合布线系统的重要分支，是网络工程和综合布线系统相结合的产物。

　　一个现代化的网络能否在目前以至将来始终保持先进水平，最终要取决于网络是否有一套完整的高质量的符合国际标准的布线系统，在传统的网络布线系统中，由于用户总按自己当时的需求设计布线系统，独立布线，并采用不同的传输媒介，这都将给网络从设计到今后的管理带来一系列的弊端。

　　现代网络综合布线系统应用高品质的标准材料，以非屏蔽双绞线和光纤作为传输介质，采用组合压接方式，统一进行规划设计，组成一套完整而开放的布线系统。该系统将语音、数据、图像信号的布线与建筑物安全报警、监控管理信号的布线综合在一个标准的布线系统内。在墙壁上或地面上设置有标准插座，这些插座通过各种适配器与计算机、通信设备以及楼宇自动化设备相连接（图1-1）。

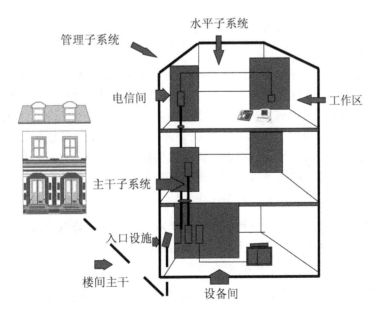

图1-1　综合布线系统效果图

在信息时代下，计算机网络已成为人们日常生活和工作中极其重要的一部分，人们利用计算机网络进行信息数据的接收与传递，简化了信息数据传输步骤，提高信息数据传送速度，提高信息数据传送的准确性。网络综合布线系统具有独特的兼容性、适应性、经济性和扩充性，可以弥补传统网络的缺陷，为现代化城市建筑的自动化、信息化和智能化的发展奠定良好基础。

综合布线系统在硬件的配置上、规格上都是统一的，可以有效解决传统网络布线系统硬件配置、安装标准不一的问题，实现计算机网络布线系统综合性和兼容性的双向发展，真正满足人们不同的生活需求和工作需求。

综合布线系统具有操作简易的特点，而且系统灵活性较强，系统中任一信息点都能连接到终端设备，能满足不同的终端设备需求，例如：要改变终端设备的工作位置、减少终端设备数量或者优化调整系统结构，只需通过简易的终端设备网络插接就可以了。

综合布线系统是在传统网络布线系统的形式上发展起来的，它不仅继承了传统布线系统的优点，还有效克服传统布线系统维护复杂、管理困难的缺陷，真正实现了计算机网络布线系统的优化调整。在计算机网络综合布线系统中采用了星形结构，这种结构使得综合布线系统中即使有一个子系统罢工或故障，也不会影响到其他子系统的正常工作，使综合布线系统的工作更显简易化、程序化，让综合布线系统更易于管理和维护。

事实上，计算机网络综合布线系统在设计上采取了较为新型先进的配置和技术，它所具有的优势使得其在人们的生活中发挥越来越大的作用，为人们的生活和工作带来更多便利，同时，综合布线系统具有易于管理和维护的特点，符合现代化经济的长远发展。

1.2　网络综合布线系统的优点

网络综合布线的主要优点包括以下四点。

1. 结构清晰，便于管理维护

传统的布线方法是对各种不同的设施的布线分别进行设计和施工，如电话系统、消防与安全报警系统、能源管理系统等都是独立布线的。一个自动化程度较高的大楼内，各种线路密集如麻，拉线时又免不了在墙上打洞，在室外挖沟，造成一种"填填挖挖挖挖填、修修补补补补修"的难堪局面，而且还难以管理、布线成本高、功能不足和不适应形势发展的需要。综合布线就是针对这些缺点而采取的标准化的统一材料、统一设计、统一布线、统一安装施工，做到结构清晰，便于集中管理和维护（图1-2）。

2. 材料统一先进，适应今后的发展需要

综合布线系统采用了先进的材料，如超五类或六类线非屏蔽双绞线，传输的速率支持1000Mbps，完全能够满足未来5～10年的发展需要。

3. 灵活性强，适应各种不同的需求

综合布线系统使用起来非常灵活，一个标准的插座，既可接入电话，又可用来连接计算机终端，实现语音／数据点互换，可适应各种不同拓扑结构的局域网。

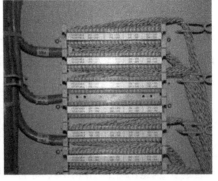

杂乱无章的110语音配线架　　　　　　规范有序的110语音配线架

图1－2　普通布线与综合布线系统比较图

4．便于扩充，既节约费用又提高了系统的可靠性

综合布线系统采用的冗余布线和星形结构的布线方式，既提高了设备的工作能力又便于用户扩充。虽然传统布线所用线材比综合布线的线材要便宜，但在统一布线的情况下，可统一安排线路走向，统一施工，这样就减少用料和施工费用，也减少了使用大楼的空间，而且使用的线材是一个较高质量的材料。

1.3　网络综合布线系统标准

1.3.1　综合布线系统标准

目前综合布线系统标准一般为 CECS72：97 和美国电子工业协会、美国电信工业协会的 EIA／TIA 为综合布线系统制定的一系列标准。这些标准主要有下列几种：

（1）EIA／TIA—568 民用建筑线缆标准；

（2）EIA／TIA—569 民用建筑通信通道和空间标准；

（3）EIA／TIA—607 民用建筑中有关通信接地/连接标准；

（4）EIA／TIA—606 民用建筑通信管理标准。

这些标准支持下列计算机网络标准：

（1）IEEE802.3 总线局域网络标准；

（2）IEEE802.5 环形局域网络标准；

（3）FDDI 光纤分布式数据接口高速网络标准；

（4）CDDI 铜线分布式数据接口高速网络标准；

（5）ATM 异步传输模式。

在布线工程中，常常提到 CECS 72:95 或 CECS 72:95，那么这是什么呢？CECS 72:97《建筑与建筑群综合布线系统工程设计规范》是由中国工程建设标准化协会通信工程委员会北京分会、中国工程建设标准化协会通信工程委员会智能建筑信息系统分会、冶金部北京钢铁设计研究总院、邮电部北京设计院、中国石化北京石油化工工程公司共同编制而成的综合布线标准，而 CECS 72:97 是它的修订版。

1.3.2　综合布线标准要点

无论是 CECS 72:95（CECS 72:97）还是 EIA/TIA 制定的标准，其标准要点为：

1．目的

（1）规范一个通用语音和数据传输的电信布线标准，以支持多设备、多用户的环境；

（2）为服务于商业的电信设备和布线产品的设计提供方向；

（3）能够对商用建筑中的结构化布线进行规划和安装，使之能够满足用户的多种电信要求；

（4）为各种类型的线缆、连接件以及布线系统的设计和安装建立性能和技术标准。

2．范围

（1）标准针对的是"商业办公"电信系统；

（2）布线系统的使用寿命要求在 10 年以上。

3．标准内容

标准内容为所用介质、拓扑结构、布线距离、用户接口、线缆规格、连接件性能、安装程序等。

1.3.3　几种布线系统涉及范围和要点

（1）水平干线布线系统：涉及水平跳线架，水平线缆；线缆出入口/连接器，转换点等；

（2）垂直干线布线系统：涉及主跳线架、中间跳线架；建筑外主干线缆，建筑内主干线缆等；

（3）UTP 布线系统：UTP 布线系统传输特性分为 5 类线缆：

3 类：指 16M/Hz 以下的传输特性。

4 类：指 20M/Hz 以下的传输特性。

5 类：指 100M/Hz 以下的传输特性。

超 5 类：指 155M/Hz 以下的传输特性。

6 类：指 250M/Hz 以下的传输特性。

目前主要使用超 5 类、6 类。

（4）光缆布线系统：在光缆布线中分水平干线子系统和垂直干线子系统，它们分别使用不同类型的光缆。

水平干线子系统与垂直干线子系统参数有差别，其中水平干线子系统为：62.5/125μm 多模光缆（入出口有 2 条光缆），多数为室内型光缆。

垂直干线子系统为：62.5/125μm 多模光缆或 10/125PA 单模光缆。

综合布线系统标准是一个开放型的系统标准，它能广泛应用。因此，按照综合布线系统进行布线，会为用户今后的应用提供方便，也保护了用户的投资，使用户投入较少的费用，便能向高一级的应用范围转移。

1.4　网络综合布线系统的架构及其原理

计算机网络综合布线系统主要由工作区子系统、干线子系统、配线子系统、管理子系统、设备间子系统和建筑群子系统等六部分组成，以下将对各部分的设计进行详细说明。

1. 工作区子系统

工作区子系统是指综合布线系统中由各个工作区域构成的子系统，各工作区域具有一定独立性，均是可以设置终端设备的区域，且工作区信息点的位置分布具有较强均匀性，各个端口可以根据用户实际所需安装相应的通信设备。在设计工作区子系统时，必须在工作区中的合适位置安装各类型的信息插座，并要选择适合的数据插座，保证计算机高速网络产品的正常运行。需要注意的是，不论采用何种类型的插座，都应保证有良好的接地。

2. 干线子系统

干线子系统是综合布线系统中的关键组成部分，它是将公共系统设备和各楼层水平子系统连接起来的重要桥梁。在进行干线子系统设计时，要保证电缆设计符合社会目前与未来的发展。在选择布线时，应尽可能选择安全性最高、线缆最短、经济性最强的布线方式。干线子系统在实际应用中，需要预留部分线缆作为冗余信道，以提高计算机网络综合布线系统的安全可靠性和可扩展性。

3. 配线子系统

配线子系统又称水平子系统，它由配线间到本楼层工作区的电缆束构成，其结构形式是星形结构。当要将数据点与语音点进行交换时，只需跳线跳接就可以了。在选择配线子系统的电缆线时，要综合考虑建筑物各信息点的属性。一般来说，数据信息点采用超五类双绞线，语音信息点采用三类双绞线。为提高综合布线系统的整体性，可采用同一规格的布线。

4. 管理子系统

管理子系统是综合布线系统的核心环节，它由建筑各楼层的配线间及机房主配线组成。在选择主配线间时，应尽量选择位于建筑物中间且离弱电竖井较接近的位置，一方面以节约布线空间，另一方面又可以确保主配线间免受电磁干扰。主配线间还要做好防静电准备，控制好主配件的湿度及温度，必要时可采用防静电地板。

5. 设备间子系统

设备间子系统主要由设备室中各个连接器、电缆线及其相关硬件设备构成。电缆线能将相关设备连接起来，这些设备可以不在同一区域，但必须位于该建筑楼层的区域范围内。当设备较多时，可以选择将布线较密集的设备设置在同一区域内，同时将计算机网络设备设置在距离设备间较近的地方。

6. 建筑群子系统

建筑群子系统是指连接各建筑物间的系统，因此，在设计建筑群子系统时，必须综合考虑各建筑物间的通信设施、硬件接口分布情况，以实现建筑物间的良好通信连接。

主要布线部件包括建筑群配线设备（CD）、建筑群子系统电缆或光缆、建筑物配线设备（BD）、建筑物干线子系统电缆或光缆、电信间配线设备（FD）、配线子系统电缆或光缆、集合点（CP）（选用）、信息插座模块（TO）、工作区线缆和终端设备（TE）。从系统结构上看，综合布线系统分为建筑群子系统、干线子系统、配线子系统三个层级。

布线系统由以下六个子系统组成，见图1-3所示。

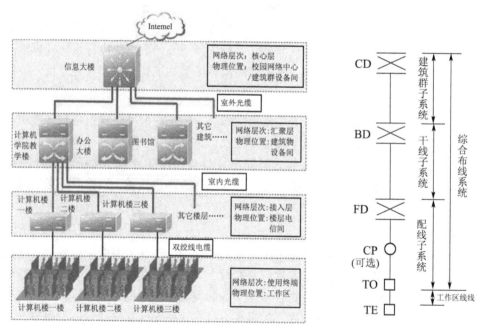

图1-3　综合布线六个子系统示意图

配线子系统（水平子系统）：
水平子系统存在于水平跳接（HC）和插座之间（图1-4）；
水平跳接—水平电缆—插座；

水平电缆可为非屏蔽双绞线、屏蔽双绞线、光纤等。

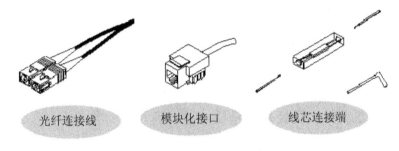

图 1 - 4　样品展示图

干线子系统：

干线子系统分为楼内和楼间，楼内主干是用于连接设备间和各楼层电信间的布线系统。而楼间主干用于连接两座建筑物。它包括：

（1）主要跳接（MC）；

（2）中间跳接（IC）；

（3）楼内主干线缆；

（4）楼间主干电缆。

主干电缆可为非屏蔽双绞线、屏蔽双绞线、光纤。

7. 综合布线术语与符号

布线/布缆，建筑群子系统，电信间，工作区，信道/通道，链路，永久链路，集合点/汇聚点（CP），建筑群配线设备（CD），建筑物配线设备（BD），楼层配线设备（FD），建筑物入口设施，连接器件，光纤适配器，建筑群主干电缆、建筑群主干光缆，建筑物主干线缆，水平线缆，永久水平线缆，CP 线缆，信息点（TO）/信息插座，设备电缆、设备光缆，跳接线，平衡电缆等。

第二章 网络工程设计

2.1 综合布线系统的设计要点及结构

2.1.1 综合布线系统的设计要点

综合布线系统的设计方案不是一成不变的，而是随着环境、用户要求来确定的。其要点为：

（1）尽量满足用户的通信要求；

（2）了解建筑物、楼宇间的通信环境；

（3）确定合适的通信网络拓扑结构；

（4）选取适用的介质；

（5）以开放式为基准，尽量与大多数厂家产品和设备兼容；

（6）将初步的系统设计和建设费用预算告知用户；

（7）在征得用户意见并订立合同书后，再制定详细的设计方案。

2.1.2 网络结构

根据任务环境使用 Microsoft Office Visio 绘制网络结构图，样图如图 2-1 所示。

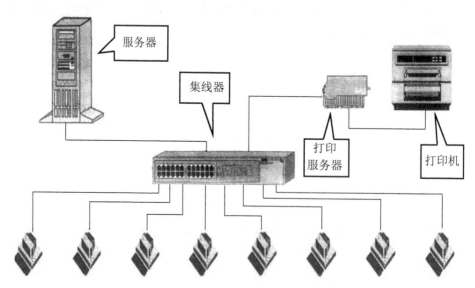

图 2-1 小型简单办公网络结构图

2.2 用户需求分析

用户需求分析就是对信息点的数量、位置以及通信业务需要进行分析，分析结果是综合布线系统的基础数据，它的准确和完善程度将会直接影响综合布线系统的网络结构、线缆规格、设备配置、布线路由和工程投资等重大问题。

设计方以建设方提供的数据为依据，充分理解建筑物近期和将来的通信需求后，最后分析得出信息点数量和信息分布图，分析结果必须得到建设方的确认。

由于设计方和建设方在对工程的理解上肯定存在一定的偏差，因此对分析结果的确认是一个反复的过程，得到双方认可的分析结果才能作为设计依据。

1. 建筑物现场勘察

需求分析之前，综合布线的设计与施工人员必须熟悉建筑物的结构，主要通过两种方法来熟悉了解，首先是查阅建筑图纸，然后是现场勘察。

勘察参与人包括工程负责人、布线系统设计人、施工督导人、项目经理及其他需要了解工程现场状况的人。

现场勘察内容：

（1）查看各楼层、走廊、房间、电梯厅和大厅等吊顶的情况；

（2）计算机网络线路可与哪些线路共用槽道；

（3）确定机柜的安放位置，确定到机柜的主干线槽的敷设方式；

（4）讨论大楼结构方面尚不清楚的问题。

2. 用户需求分析的范围

信息业务种类：

（1）语音、数据和图像通信系统；

（2）保安监控系统；

（3）楼宇自控系统；

（4）卫星电视接收系统；

（5）消防监控系统。

3. 用户需求分析的基本要求

（1）确定工作区数量和性质；

（2）主要考虑近期需求，兼顾长远发展需要；

（3）多方征求意见。

2.3　网络布线工程设计案例分析

2.3.1　一个小型办公网络的设计

在信息社会中，一个现代化的大楼内，除了具有电话、传真、空调、消防、动力电线、照明电线外，计算机网络线路也是不可缺少的。布线系统的对象是建筑物或楼宇内的传输网络，以使话音和数据通信设备、交换设备和其他信息管理系统彼此相连，并使这些设备与外部通信网络连接。它包含着建筑物内部和外部线路（网络线路、电话局线路）间的民用电缆及相关的设备连接措施。布线系统是由许多部件组成的，主要有传输介质、线路管理硬件、连接器、插座、插头、适配器、传输线路、电气保护设施等，并由这些部件来构造各种子系统。

综合布线系统是跨学科跨行业的系统工程，作为信息产业体现在以下几个方面：

（1）楼宇自动化系统（BA）；

（2）通信自动化系统（CA）；

（3）办公室自动化系统（OA）；

（4）计算机网络系统（CN）。

随着 Internet 网络和信息高速公路的发展，各国的政府机关、大的集团公司也都在针对自己的楼宇特点进行综合布线，以适应新的需要。建设智能化大厦、智能化小区已成为新世纪的开发热点。理想的布线系统表现为：支持语音应用、数据传输、影像影视，而且最终能支持综合型的应用。由于综合型的语音和数据传输的网络布线系统选用的线材、传输介质是多样的（屏蔽、非屏蔽双绞线、光缆等），一般单位可根据自己的特点，选择布线结构和线材，作为布线系统，目前被划分为 6 个子系统，它们是：

（1）工作区子系统；

（2）水平干线子系统；

（3）管理间子系统；

（4）垂直干线子系统；

（5）楼宇（建筑群）子系统；

（6）设备间子系统。

大楼的综合布线系统是将各种不同组成部分构成一个有机的整体，而不是像传统的布线那样自成体系，互不相干。综合布线系统结构如图 2 – 2 所示。

1. 工作区子系统

工作区子系统又称为服务区子系统（Coreragearea），它是由 RJ45 跳线与信息插座所连接的设备（终端或工作站）组成。其中，信息插座有墙上型、地面型、桌上型等多种。

在进行终端设备和 I／O 连接时，可能需要某种传输电子装置，但这种装置并不是工作区子系统的一部分。例如，调制解调器，它能为终端与其他设备之间的兼容性传输距离的延长提供所需的转换信号，但不能说是工作区子系统的一部分（图2-3）。

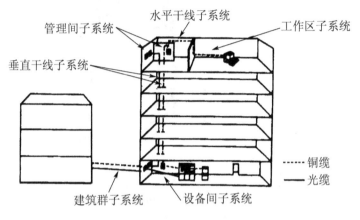

图2-2 综合布线系统

图2-3 工作区子系统示意图

工作区子系统中所使用的连接器必须具备有国际ISDN标准的8位接口，这种接口能接受楼宇自动化系统所有低压信号以及高速数据网络信息和数码声频信号。工作区子系统设计时要注意如下要点：

（1）从RJ45插座到设备间的连线用双绞线，一般不要超过5m；

（2）RJ45插座须安装在墙壁上或不易碰到的地方，插座距离地面30～50cm为宜（图2-4）；

（3）插座和插头（与双绞线）不要接错线头。

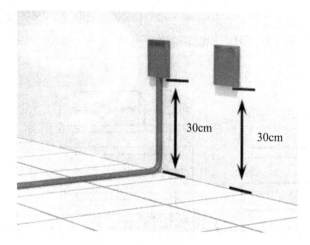

图 2 - 4   插座与地面的距离

2. 水平干线子系统

水平干线（Horizontal Backbone）子系统也称为水平子系统（图 2 - 5）。水平干线子系统是整个布线系统的一部分，它的走线范围从工作区的信息插座开始到管理间子系统的配线架止。

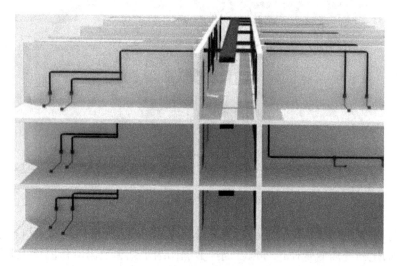

图 2 - 5   水平子系统示意图

其拓扑结构一般为星形结构，它的特点是每一层楼的水平子系统严格按照该楼层的房间分布而设计相应的走线，它是工作间模块和管理间配线架的连接通道。在综合布线系统中，水平干线子系统由 4 对 UTP（非屏蔽双绞线）组成，能支持大多数现代化通信设备，如果有磁场干扰或信息保密时可用屏蔽双绞线。在高宽带应用时，可以采用光缆

（图 2 - 6）。

图 2 - 6　水平子系统实际施工图

从用户工作区的信息插座开始，水平布线子系统在交叉处连接，或在小型通信系统中的以下任何一处进行互联：远程（卫星）通信接线间、干线接线间或设备间。在设备间中，当终端设备位于同一楼层时，水平干线子系统将在干线接线间或远程通信（卫星）接线间的交叉连接处连接。在水平干线子系统的设计中，综合布线的设计必须具有全面介质设施方面的知识，能够向用户或用户的决策者提供完善而又经济的设计。设计时要按照相应的规范操作，主要有以下几点：

（1）水平干线子系统用线一般为双绞线；

（2）长度一般不超过 90m；

（3）用线必须走线槽或在天花板吊顶内布线，尽量不走地面线槽；

（4）用 3 类双绞线可传输速率为 10Mbps，用 5 类双绞线可传输速率为 100Mbps；

（5）确定介质布线方法和线缆的走向；

（6）确定距服务接线间距离最近的 I/O 位置；

（7）确定距服务接线间距离最远的 I/O 位置；

（8）计算水平区所需线缆长度。

3. 管理间子系统

管理间子系统（Administration Subsystem）又称为电信间或者配线间，由交连、互连和 I/O 组成。管理间为连接其他子系统提供手段，它是连接垂直干线子系统和水平干线子系统的设备，其主要设备有楼层机柜、配线架、交换机和 UPS 电源等（图 2 - 7）。

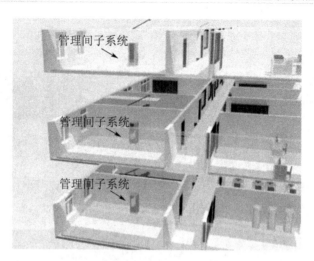

图 2 - 7　管理间子系统示意图

交连和互连允许将通信线路定位或重定位在建筑物的不同部分，以便能更容易地管理通信线路。I/O 位于用户工作区及其他房间或办公室，使在移动终端设备时能够方便地进行插拔。在使用跨接线或插入线时，交叉连接允许将端接在单元一端的电缆上的通信线路连接到端接在单元另一端的电缆上的线路。跨接线是一根很短的单根导线，可将交叉连接处的二根导线端点连接起来；插入线包含几根导线，而且每根导线末端均有一个连接器。插入线为重新安排线路提供了一种简易的方法。

互连与交叉连接的目的相同，但它不使用跨接线或插入线，只使用带插头的跳线、插座、适配器。互连和交叉连接也适用于光缆。在远程通信（卫星）接线区，如果是安装在墙上的布线区，交叉连接可以不要插入线，因为线路经常是通过跨接线连接到 I/O 上的。

设计时要注意如下要点：

（1）配线架的配线对数可由管理的信息点数决定；

（2）利用配线架的跳线功能，可使布线系统实现灵活、多功能的能力；

（3）配线架一般由光纤配线盒和铜缆配线架组成；

（4）管理间子系统应有足够的空间放置配线架和网络设备（HUB、交换机等）；

（5）有 HUB、交换机的地方要配有专用稳压电源；

（6）保持一定的温度和湿度，保养好设备。

4. 垂直干线子系统

垂直干线子系统也称骨干（Riser Backbone）子系统，它是整个建筑物综合布线系统的一部分。它提供建筑物的干线电缆，负责各楼层管理间子系统到设备间子系统的连接，连接线缆一般采用光缆或选用大对数的非屏蔽双绞线。它也提供了建筑物垂直干线电缆的路由。该子系统通常是在两个单元之间，特别是在位于中央节点的公共系统设备处提供多个线路设施。该子系统由所有的布线电缆组成，或有导线和光缆以及将此光缆连到其他地方的相关支撑硬件组合而成。传输介质可能包括一幢多层建筑物的楼层之间垂直布线的内部电缆或从主要单元如计算机房或设备间和其他干线接线间来的电缆（图2-8）。

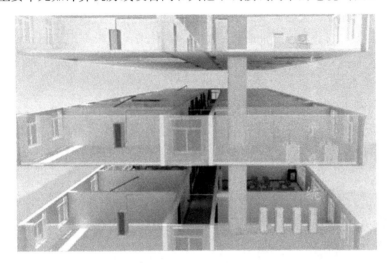

图2-8　垂直子系统示意图

为了与建筑群的其他建筑物进行通信，干线子系统将中继线交叉连接点和网络接口（由电话局提供的网络设施的一部分）连接起来。网络接口通常放在设备相邻的房间。垂直干线子系统还包括：

（1）垂直干线或远程通信（卫星）接线间、设备间之间的竖向或横向的电缆走向用的通道；

（2）设备间和网络接口之间的连接电缆或设备与建筑群子系统各设施间的电缆；

（3）垂直干线接线间与各远程通信（卫星）接线间之间的连接电缆；

（4）主设备间和计算机主机房之间的干线电缆。

设计时要注意：

（1）垂直干线子系统一般选用光缆，以提高传输速率；

（2）光缆可选用多模的（室外远距离的），也可以是单模的（室内）；

（3）垂直干线电缆的拐弯处，不要直角拐弯，应有相当的弧度，以防光缆受损；

（4）垂直干线电缆要防遭破坏（如埋在路面下，要防止挖路、修路对电缆造成危害），架空电缆要防止雷击；

（5）确定每层楼的干线要求和防雷电的设施；

（6）满足整幢大楼干线要求和防雷电的设施。

5. 楼宇（建筑群）子系统

楼宇（建筑群）子系统也称校园（Campus Backbone）子系统，它是将一个建筑物中的电缆延伸到建筑群的另一个建筑物的通信设备和装置，通常是由铜缆、光缆和相应设备组成。建筑群子系统是综合布线系统的一部分，它支持楼宇之间通信所需的硬件，其中包括导线电缆、光缆以及防止电缆上的浪涌电压进入建筑物的电气保护装置。

在建筑群子系统中，会遇到室外敷设电缆问题，一般有三种情况：架空电缆、直埋电缆、地下管道电缆，或者是这三种的任何组合，具体情况应根据现场的环境来决定。设计时的要点与垂直干线子系统相同。

6. 设备间子系统

设备间又称网络中心机房或称设备子系统（Equipment Subsystem）。设备间子系统由跳线电缆、连接器和相关支撑硬件组成。它把各种公共系统设备的多种不同设备互联起来，其中包括电信公司的光缆、同轴电缆、程控交换机等（图2－9）。设计时应注意的要点为：

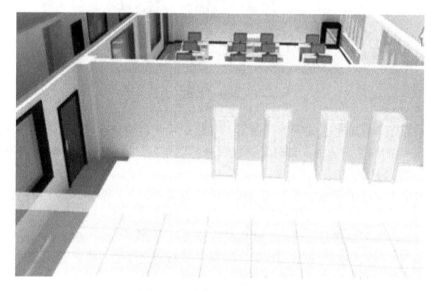

图2－9　设备间子系统示意图

（1）对设备间、电信间、进线间和工作区的配线设备、线缆、信息点等设施应按一定的模式进行标识和记录，并且符合相关规定。

（2）在每个配线区实现线路管理的方式是在各色标区域之间按应用的要求，采用跳线连接。色标用来区分配线设备的性质，分别由按性质划分的配线模块组成，且按垂直或水平结构进行排列。

（3）所有标签应保持清晰、完整，并满足使用环境要求。

（4）对于规模较大的布线系统工程，为提高布线工程维护水平与网络安全，宜采用电子配线设备对信息点或配线设备进行管理。

（5）综合布线系统相关设施的工作状态信息应包括：设备和线缆的用途、使用部门、组成局域网的拓扑结构、传输信息速率、终端设备配置状况、占用器件编号、色标、链路与信道的功能和各项主要指标参数及完好状况、故障记录等，还应包括设备位置、线缆走向等内容。

2.3.2 某公司 Intemet/Intranet 网络解决方案

某公司作为国内的大型企业，其经营范围涉及金融、证券、贸易、房地产、机械、电子、化工等多个领域，并设有多个海外子公司，其业务遍及海内外。目前，某公司拥有一级子公司 30 多个，二级子公司 110 多个。为了提高企业内部的生产效率，加速公司内部及各级公司之间的信息交换，同时进一步扩大企业在国内、国际的影响力，该公司在原有计算机网络的基础上建设了自身的 Internet/Intranet 系统，其总体结构如图 2 - 10 所示。

任务实施：

1. 与 Internet 互联部分

为了实现与 Internet 的互联，某公司从 Internet 服务提供商（Internet Service Provider，ISP）处申请了 32 个合法的 IP 地址，并且在 Internet 上注册了合法的 Internet 域名 "××××.com.cn"，Internet 出口为一条 64Kbps 的 DDN 线路，通过 Cisco 路由器与 ISP 相连。在与 Internet 互联时，需要着重考虑两方面的问题：安全性和连通性。当网络接入 Internet 后，企业内部数据遭到偷窃甚至破坏的风险也随之增加。

Internet 作为世界上最大的计算机网络，同时也是不安全的计算机网络，例如，美国的五角大楼、司法部等单位都曾受到非法用户的侵入。因此，必须对整个网络的安全性进行全面考虑。此外，由于申请到的 Internet 地址数量有限，而企业内部的用户数量众多，通常需要采用地址转换、代理服务器（Proxy Server）等方法来实现内部用户对 Internet 的访问。这就要求对企业内部网络 IP 地址分配进行周密规划，以保证系统的连通性。

某 Internet 互联部分系统的结构示意图如图 2 - 11 所示。

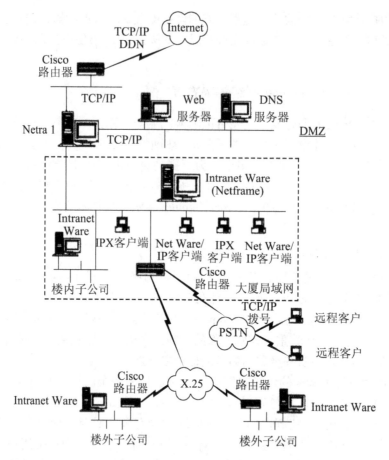

图 2 – 10　某公司网络系统结构图

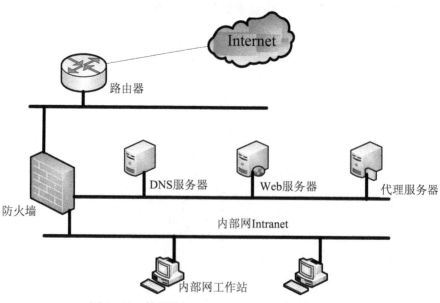

图 2 – 11　某公司与 Internet、Intranet 连接部分结构

2．企业内部网

某公司的企业内部网，按照公司的实际组织结构分为 3 个层次：即总公司、一级子公司和二级子公司，通过一级、二级广域网实现互联，其结构示意图如图 2 – 12 所示。

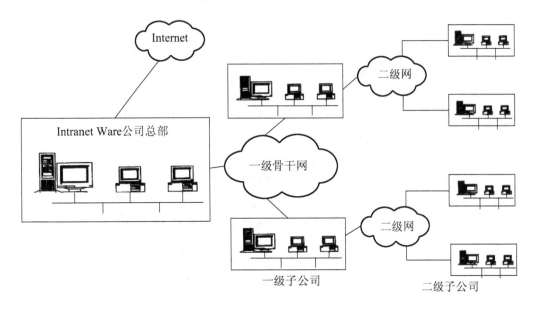

图 2 – 12　某公司 Intranet 层次结构

3．电子邮件系统

从严格意义上讲，电子邮件系统是企业网（Intranet）的一个组成部分，但鉴于电子邮件系统在整个企业内部网中所处的重要地位，通常把它作为一个单独的系统进行设计和考虑。

某公司电子邮件系统采用 Micro Focus 公司的最新群件系统 Group Wise 4.1 （中文版）。普通电子邮件系统只能完成简单电子邮件的收发，尚未全面发挥其巨大潜力。Group Wise 提供了一个集成式的应用环境，这一环境将电子邮件（E-mail）、个人日程安排，以及个人和小组的任务管理集成在一起，使用户能够便捷、高效地处理其邮件、备忘录、预约表、文件和传真，并能有效地提高企业内部协同工作的能力。

Group Wise 的管理及命名采用树形结构，从层次上分为 3 个级别：域（Domain）、邮局（Post Office）和用户（User）。某公司的 Group Wise 系统采用多域结构：

在网络中心建立一个主域（Primary Domain），各子公司分别建立辅域（Secondary Domain），相互之间通过报文服务器（Message Server）互联，通信协议采用 TCP/IP。

此外，某公司计算机网络系统已经实现同 Internet 的互联，为了实现 Group Wise 系统同 Internet 电子邮件的交换，在 Group Wise 中心服务器上安装了一个 SMTP 网关。同时，为了使服务器能够与 Internet 交换数据，利用防火墙的地址转换功能将其内部 IP 地址映射为一个合法的 Internet IP 地址。这部分系统的具体连接情况如图 2-13 所示。

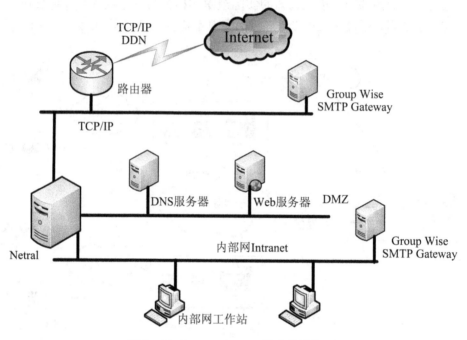

图 2-13   Internet/Intranet 防火墙结构

通过 Group Wise SMTP 网关，用户可以直接向 Internet 用户发送邮件。例如，某公司的一个 Group Wise 用户要向 Internet 用户 liuk@ mh. bj. col. co. cn 发送邮件，他只需在邮件的目的地址中写入"Internet：liuk@ mh. bj. col. co. cn"即可，其中 Internet 是 Group Wise SMTP 网关的名称。反之，如果 Internet 用户要向 Group Wise 用户 liuk 发送邮件，只需简单地把邮件发往 liuk@ citic. co. cn 即可。这就要求 Group Wise 系统中用户名具有唯一性，一旦出现重名现象，可通过使用别名（Alias）的方法来解决。对于远程移动用户，利用 Group Wise 的异步网关（Async Gateway），通过普通电话线，以拨号方式连入 Group Wise 服务器，实现邮件的远程收发。

2.4   智能小区网络设计案例分析

近年来，随着我国信息产业建设的不断深化以及人们生活水平的逐步提高，人们对住房的要求不再仅局限于房屋的面积、装修、周边环境、交通等硬件条件上，而是把目光放在了家居智能化、数字化、人性化等这些能够给用户生活方式带来改变的增值服务领域。目前，建设部正在全力推动以"智能化住宅"，为切入点的整个行业的信息化，使网络技术、信息技术、智能控制技术结合于住宅开发，服务于住宅建设，以提高住宅的质量与功能，并将多学科性、多技术综合运用的智能化住宅定为住宅建设的发展方向闭。

2.4.1　智能小区概述

智能化住宅与智能建筑一样，也是为了适应现代信息化对建筑功能、环境和高效管理的要求，在传统建筑物基础上发展起来的。智能住宅构成的基本思路是利用家庭布线系统实现对住宅内部设施及接口部分装置进行高效控制和管理，并最终与住宅外部环境相连接。它的智能性就在于能够自动地处理部分事件和与外界的信息交换，以此来响应用户的各种要求，从而为用户营造一个安全、舒适、便利和富有创造力的家居新模式。

住宅小区智能化系统主要是由安全防范、管理与监控和信息网络这 3 大系统组成，其中安全防范系统包括住户安防子系统和小区安防子系统；管理与监控系统是智能化住宅小区的核心内容，主要包括自动秒表报警系统、机电设备控制系统、车辆出入与停车管理和紧急广播与背景音乐等子系统；信息网络系统主要包括家庭网、语音网、数据网、视频网和控制网。其系统功能框图见图 2 - 14。

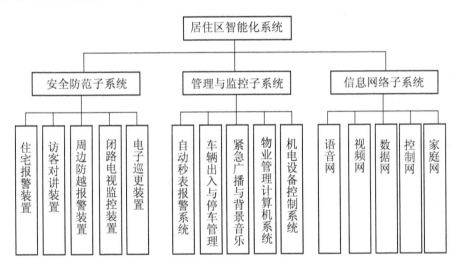

图 2 - 14　住宅小区智能化系统功能框图

2.4.2　智能小区网络方案分析

小区智能化系统的设计与建设要从选择合适的网络系统开始，合适的控制网络是实现小区智能化的必须手段。决定一个网络系统的性能高低，最根本的特征是它的体系结构。在住宅小区中，面对数据通信软、硬件资源共享有很多问题需要解决，比如：（1）面对各类计算机系统出、入口必须是标准的、统一的；（2）大量外部设备型号不一；（3））通信线路不一样；（4）通信方式不一样；（5）面对各种不同类型操作系统的计算机。如果能够解决以上全部问题，也就是解决了网络的全部七层协议，那么这个网络的体系结构无疑是优秀的。

现场总线技术构建住宅小区智能控制网络系统，现场总线网络是目前世界上唯一一个已经完成了七层协议的网络，它的体系结构无疑是优秀的。现场总线网络可以自山拓扑，可采用任意网络结构，网络中的不同节点间采用点对点通信方式，即使个别节点损示仍不影响其他节点的正常运行。这一点很适合住宅小区内部控制网络系统的构建，且网络的可维护性好。此外，现场总线网络可以很方便地与小区数据网络实现平滑过度，进行信息传送。通过因特网服务器可以将现场总线网络与 INTERNET 连接起来，这样控制网络可通过 INTERNET 实现扩展和延伸，从而加快了网络的处理能力，有助于住宅小区智能化系统的发展。

现场总线控制网络与传统控制总线，如 RS 485 总线相比有本质的区别和明显的优势：①现场总线技术用一个网络平台解决小区的整个控制网，保证了各子系统之间的互连互动。这相对于传统控制总线把小区控制网分成若干彼此独立的子网来说，既减少了工程量，又便于系统的管理；②现场总线控制网络具有很强的可扩展性，可随时更改网上的设备配置，增加或减少网段。对此，传统的控制总线是无法相比的；③传统控制总线只能采用轮询通信方式，在处理小区突发事件时，存在信息滞后的缺陷，而现场总线控制网络技术允许通信冲突竞争，可以实时处理小区内的突发事件；④现场总线控制网络能提供 TCP/IP 连接，实现与 Intemet 的无缝连接，扩大网络规模和进行信息交换；⑤传统控制总线通信速率较低，处理信息量少，而现场总线技术可达 1.25MbsP，是传统控制总线的几十倍；⑥现场总线技术支持多介质，在同一网络中可以是双绞线、同轴电缆、电力线、光纤、无线、红外等，并且各种介质可混合使用，而传统控制总线的通讯做不到支持多介质；⑦现场总线技术支持总线式、星形、自由拓扑等多种网络结构；⑧现场总线技术网络的通信距离可达 2700 米（不加中继器），每个子网可以有 64 个节点；⑨现场总线技术为对等式通讯网络，各节点地位均等，无主节点，可靠性高、实时性好。现场总线技术的核心元件神经元（Neuorn）芯片内具有 3 个 CPU，可以处理复杂的网络通讯应用程序，且集成 34 种现成的 I/O 对象，Lontalk 协议，并使用高级语言编程，大大缩短开发周期，提高开发质量。

现场总线技术对住宅小区的控制网络进行构建，现场总线技术可以组成一个完整的智能化控制系统，其总体解决方案示意图如图 2－15 所示。

由图 2－15 分析可知，智能小区现场总线控制网络系统主要由现场总线网络接口、路由器、室外控制节点、室内控制器、服务器、网络阻抗匹配器、系统软件等几部分组成。其中，网络路由器对网络通信的信息进行转发，通信距离不受限制。

住宅小区的各监控子系统，包括照明控制、周界防范、停车场管理、电梯监控、给排水控制、家居智能化控制系统等都运行于同一现场总线网络平台上，物业管理中心可以随时与任一室外控制节点或室内家庭控制器通信。

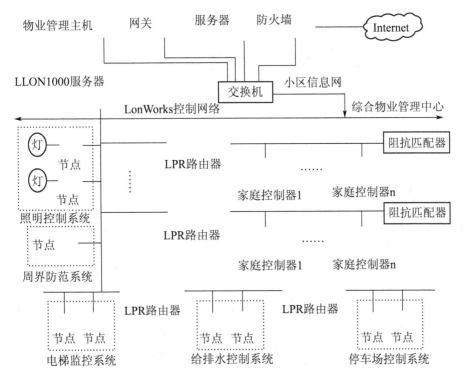

图 2-15 智能小区现场总线解决方案示意图

第三章　网络传输介质

3.1　网线制作

3.1.1　连接线材

　　网络搭建最基本的一步就是根据设计图纸把各个子系统连接起来，目前子系统的连接线材主要有双绞线和光纤。光有线材是完成不了网络连接的，因此还需要许多诸如剥线刀、压线钳、光纤熔接机和电锤等辅助工具。本章围绕常见线材种类参数和主要辅助工具进行学习。

　　双绞线（Twisted Pair，TP）是一种综合布线工程中最常用的传输介质。它主要分为非屏蔽双绞线（Unshielded Twisted Pair，UTP）和屏蔽双绞线（Shielded Twisted Pair，STP）；非屏蔽双绞线由外到内的构成材料分别是塑胶外套、线芯绝缘层和导电铜芯（如图 3－1 所示）。

铜芯

线芯绝缘层

塑胶外套 ————

图 3－1　非屏蔽双绞线结构

屏蔽双绞线的结构与非屏蔽双绞线类似，但根据屏蔽的方式不同又可分为 F/UTP 双绞线、U/FTP 双绞线、SF/UTP 双绞线、S/FTP 双绞线，外观结构如图 3 - 2 所示，其各自的屏蔽结构分别是：

F/UTP 双绞线：总屏蔽层为铝箔屏蔽，没有线对屏蔽层的屏蔽双绞线；

U/FTP 双绞线：没有总屏蔽层，线对屏蔽为铝箔屏蔽的屏蔽双绞线；

SF/UTP 双绞线：总屏蔽层为丝网 + 铝箔的双重屏蔽，线对没有屏蔽的双重屏蔽双绞线；

S/FTP 双绞线：总屏蔽层为丝网，线对屏蔽为铝箔屏蔽的双重屏蔽双绞线。

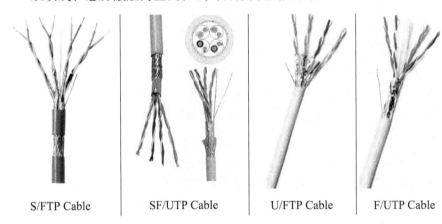

| S/FTP Cable | SF/UTP Cable | U/FTP Cable | F/UTP Cable |

图 3 - 2　各种屏蔽双绞线的外观结构图

1. F/UTP 屏蔽双绞线

F/UTP 总屏蔽屏蔽双绞线是最传统的屏蔽双绞线，主要用于将 8 芯双绞线与外部电磁场隔离，由于屏蔽铝箔包覆在 8 根线芯之外，所以它不能隔离线对之间的电磁场，铝箔与塑胶外套之间的导电面上还铺设了一根接地导线，把附在屏蔽层上的电荷导入地下。F/UTP 双绞线主要用于 5 类、超 5 类，在 6 类中也有应用。

F/UTP 屏蔽双绞线有以下工程特点：

（1）双绞线外径大于同等级的非屏蔽双绞线；

（2）铝箔两面并非都是导电层，通常只有一面为导电层（即与接地导线连接的一面）；

（3）铝箔层在有缺口时容易被撕裂。

因此，在施工时应注意以下问题：

（1）铝箔层要与接地导线一起端接到屏蔽模块的屏蔽层上；

（2）为了不留下电磁波可以侵入的缝隙，应尽量将铝箔层展开，与模块的屏蔽层之间形成 360 度的全方位接触；

（3）当屏蔽层的导电面在里层时，应将铝箔层翻过来覆盖在双绞线的护套外，用屏蔽模块附带的尼龙扎带将双绞线与模块后部的金属托架固定成一体。这样，在罩上屏蔽壳后，无论是屏蔽壳与屏蔽层之间，还是屏蔽层与护套之间都没有留下电磁波可以侵入的缝隙；

（4）不要在屏蔽层上留下缺口。

2. U/FTP 屏蔽双绞线

U/FTP 叫作线对屏蔽双绞线，它的屏蔽层同样由铝箔和接地导线组成，所不同的是：铝箔层分有 4 张，分别包裹 4 个线对，切断了每个线对之间电磁干扰途径。因此它除了可以抵御外来的电磁干扰外，还可以对抗线对之间的电磁干扰（串扰）。U/FTP 线对屏蔽双绞线来自 7 类双绞线，目前主要用于 6 类屏蔽双绞线，也可以用于超 5 类屏蔽双绞线。

在施工时应注意以下问题：

（1）铝箔层要与接地导线一起端接到屏蔽模块的屏蔽层上；

（2）屏蔽层应与模块的屏蔽层之间形成 360 度的全方位接触；

（3）为防止屏蔽双绞线中的芯线和屏蔽层受力，应在双绞线的护套部位，用屏蔽模块附带的尼龙扎带将双绞线与模块后部的金属托架固定成一体；

（4）不要在屏蔽层上留下缺口。

3. SF/UTP 屏蔽双绞线

SF/UTP 屏蔽双绞线的屏蔽结构的总屏蔽层由铝箔＋铜丝网组成，它不需要接地导线作为引流线；铜丝网具有很好的韧性，不易折断，因此它本身就可以作为铝箔层的引流线，万一铝箔层断裂，丝网将起到将铝箔层继续连接的作用。

SF/UTP 双绞线在 4 个双绞线的线对上，没有各自的屏蔽层。因此它属于只有总屏蔽层的屏蔽双绞线。SF/UTP 双绞线主要用于 5 类、超 5 类，在 6 类屏蔽双绞线中也有应用。

SF/UTP 屏蔽双绞线有以下工程特点：

（1）双绞线外径大于同等级的 F/UTP 屏蔽双绞线；

（2）铝箔两面并非都是导电层，通常只有一面为导电层（即与丝网接触的一面）；

（3）丝网中的铜丝容易脱离丝网，引起信号线短路；

（4）铝箔层在有缺口时容易被撕裂。

因此，在施工时应注意以下问题：

（1）丝网层要端接到屏蔽模块的屏蔽层上；

（2）铝箔层可以剪去，不参加端接；

（3）为了防止丝网中的铜丝逸出造成芯线短路，在端接时应特别注意观察，不要让任何铜丝有向着模块端接点的机会；

（4）将丝网层翻过来覆盖在双绞线的护套外，用屏蔽模块附带的尼龙扎带将双绞线与模块后部的金属托架固定成一体。这样，在罩上屏蔽壳后，无论是屏蔽壳与屏蔽层之间，还是屏蔽层与护套之间都没有留下电磁波可以侵入的缝隙；

（5）不要在屏蔽层上留下缺口。

4. S/FTP 屏蔽双绞线

S/FTP 屏蔽双绞线属于双重屏蔽双绞线，它是应用于 7 类屏蔽双绞线的线缆产品，也用于 6 类屏蔽双绞线。

S/FTP 屏蔽双绞线有以下工程特点：

（1）双绞线外径大于同等级的 F/UTP 屏蔽双绞线；

（2）铝箔两面并非都是导电层，通常只有一面为导电层（即与丝网接触的一面）；

（3）丝网中的铜丝容易脱离丝网，引起信号线短路；

（4）铝箔层在有缺口时容易被撕裂。

因此，在施工时应注意以下问题：

（1）丝网层要端接到屏蔽模块的屏蔽层上；

（2）铝箔层可以剪去，不参加端接；

（3）为了防止丝网中的铜丝逸出造成芯线短路，在端接时应特别注意观察，不要让任何铜丝有向着模块端接点的机会；

（4）将丝网层翻过来覆盖在双绞线的护套外，用屏蔽模块附带的尼龙扎带将双绞线与模块后部的金属托架固定成一体。这样，在罩上屏蔽壳后，无论是屏蔽壳与屏蔽层之间，还是屏蔽层与护套之间都没有留下电磁波可以侵入的缝隙；

（5）不要在屏蔽层上留下缺口。

5. 其他种类的屏蔽双绞线

屏蔽双绞线除以上种类外，还有丝网总屏蔽双绞线（STP）、双层铝箔双绞线（F2TP）、双层铝箔线对屏蔽双绞线（F/FTP）、双重总屏蔽＋线对屏蔽双绞线（SF/FTP）等。

非屏蔽双绞线与屏蔽双绞线相比，在结构上相对简单，价格上也便宜很多，在网络布线项目中用得最多；屏蔽双绞线在结构上相对复杂，价格比较昂贵，数据传输的可靠性要比非屏蔽双绞线强，通常应用在有特殊需求的地方，比如电磁干扰比较严重或者对信息安全比较敏感的地方。

双绞线除了可以按是否屏蔽来分类外，还可以按电气性能来划分，目前可以分为：1 类、2 类、3 类、4 类、5 类、超 5 类、6 类、超 6 类、7 类共 9 种双绞线类型，如图 3 – 3 所示。

类型数字越大、版本越新，技术越先进、带宽也越宽，当然价格也越贵。这些不同类型的双绞线标注方法是这样规定的：如果是标准类型则按 "catx" 方式标注，如常用的 5 类线，则在线的外包皮上标注为 "cat5"，注意字母通常是小写，而不是大写。而如果是改进版，就按 "xe" 进行标注，如超 5 类线就标注为 "5e"，同样字母是小写，而不是大写。双绞线技术标准都是由美国通信工业协会（TIA）制定的，其标准是 ANSI/EIA/TIA –568B，具体如下。

1 类线（Category 1）是 ANSI/EIA/TIA –568A 标准中最原始的非屏蔽双绞铜线电缆，

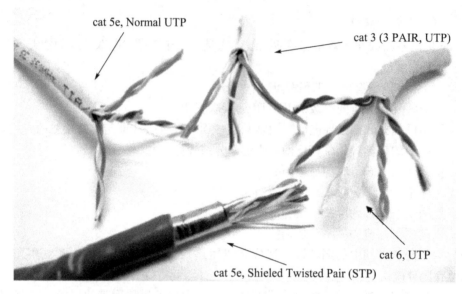

图 3 - 3 常见的 3，5，6 类双绞线外观

它开发之初的目的并不用于计算机网络数据通信，而是用于电话语音通信。

2 类线（Category 2）是 ANSI/EIA/TIA - 568A 和 ISO 2 类/A 级标准中第一个可用于计算机网络数据传输的非屏蔽双绞线电缆，传输频率为 1MHz，传输速率达 4Mb/s，主要用于旧的令牌网。

3 类线（Category 3）是 ANSI/EIA/TIA - 568A 和 ISO 3 类/B 级标准中专用于 10BASE - T 以太网的非屏蔽双绞线电缆，传输频率为 16MHz，传输速率可达 10Mb/s。

4 类线（Category 4）是 ANSI/EIA/TIA - 568A 和 ISO 4 类/C 级标准中用于令牌环网络的非屏蔽双绞线电缆，传输频率为 20MHz，传输速率达 16Mb/s。主要用于基于令牌的局域网和 10BASE - T/100BASE - T。

5 类线（Category 5）是 ANSI/EIA/TIA - 568A 和 ISO 5 类/D 级标准中用于运行 CDDI（CDDI 是基于双绞铜线的 FDDI 网络）和快速以太网的非屏蔽双绞线电缆，传输频率为 100MHz，传输速率达 100Mb/s。

超 5 类线（Category excess 5）是 ANSI/EIA/TIA - 568B.1 和 ISO 5 类/D 级标准中用于运行快速以太网的非屏蔽双绞线电缆，传输频率也为 100MHz，传输速率也可达到 100Mb/s。与 5 类线缆相比，超 5 类在近端串扰、串扰总和、衰减和信噪比四个主要指标上都有较大的改进。

6 类线（Category 6）是 ANSI/EIA/TIA - 568B.2 和 ISO 6 类/E 级标准中规定的一种非屏蔽双绞线电缆，它主要应用于百兆位快速以太网和千兆位以太网中。因为它的传输频率可达 200 ～ 250MHz，是超 5 类线带宽的 2 倍，最大速率可达到 1000Mb/s，满足千兆位以太网需求。

　　超 6 类线（Category excess 6）是 6 类线的改进版，同样是 ANSI/EIA/TIA－568B.2 和 ISO 6 类/E 级标准中规定的一种非屏蔽双绞线电缆，主要应用于千兆网络中。在传输频率方面与 6 类线一样，也是 200 ～ 250MHz，最大传输速率也可达到 1000Mb/s，只是在串扰、衰减和信噪比等方面有较大改善（如图 3－4 所示）。

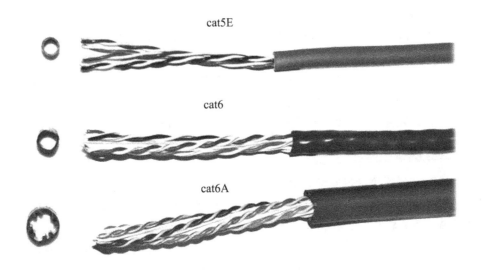

cat5E

cat6

cat6A

图 3－4　超 6 类双绞线外观结构

　　7 类线（Category 7）是 ISO 7 类/F 级标准中最新的一种双绞线（如图 3－5 所示），主要为了适应万兆位以太网技术的应用和发展。7 类线目前只能做成屏蔽双绞线，所以它的传输频率至少可达 500MHz，是 6 类线和超 6 类线的 2 倍以上，传输速率可达 10Gb/s。

图 3－5　7 类线的外观结构

　　双绞线的名称来自于两根绝缘的铜导线按一定密度互相绞在一起，其作用可降低信号干扰的程度，每一根导线在传输中辐射出来的电波会被另一根线上发出的电波抵消。

　　双绞线一般由两根为 22 号或 24 号或 26 号绝缘铜导线相互缠绕而成。如果把一对或多对双绞线放在一个绝缘套管中便成了双绞线电缆。与其他传输介质相比（如光纤），双绞线在传输距离、信道宽度和数据传输速度等方面均受一定限制，但价格较为低廉。

双绞线原先主要是用来传输模拟声音信息，虽然用它来传输数字信息会有信号的衰减比较大，并且使波形畸变的问题，但在短距离的信息传输上，这些问题可以在允许出错的范围内，所以现在广泛地采用它来铺设小型局域网，采用双绞线的局域网络的带宽取决于所用导线的质量、导线的长度及传输技术。只要精心选择和安装双绞线，就可以在有限距离内达到几 Mbps 的可靠传输率。当距离很短，并且采用特殊的电子传输技术时，传输率可达 100 ～ 155Mbps。由于双绞线传输信息时会向周围辐射电磁信号，很容易被窃听，在信息安全要求比较高的场所，要花费额外的代价加以屏蔽，以减小辐射（但不能完全消除）。这就是我们常说的屏蔽双绞线电缆。屏蔽双绞线相对来说贵一些，安装要比非屏蔽双绞线电缆难一些，类似于同轴电缆，它必须配有支持屏蔽功能的特殊联结器和相应的安装技术。但它有较高的传输速率，100m 内可达到 155Mbps。

3.1.2　双绞线与水晶头连接制作

双绞线两端的连接材料通常有水晶头、配线架和插座模块，分别对应以下情况：两端水晶头的形式常用于跳线，如配线架与配线架之间的跳线或者配线架与交换机的跳线；除了跳线外就是面板模块与计算机主机相连传输线；两端配线架的形式通常是垂直子系统与管理子系统间的连接；一端配线架，而另一端面板模块的形式主要是水平子系统的安装模式。本任务为双绞线两端安装水晶头并测试其是否联通。

3.1.3　任务实施与材料简介

本任务需要双绞线一根（50 ～ 80cm），RJ - 45 水晶头两个，带有剥线功能的压线钳一把，测线仪一个。

RJ - 45 水晶头主要用透明塑料做成，外观材质像水晶，因此得名。它也分为非屏蔽和屏蔽两种，如图 3 - 6 所示。

非屏蔽水晶头

屏蔽水晶头

图 3 - 6　非屏蔽水晶头和屏蔽水晶头外观

非屏蔽水晶头在实际工程里用得最多，且价格便宜。屏蔽水晶头需要配合屏蔽双绞线使用才能实现屏蔽的功能，且价格比非屏蔽水晶头贵；由于这两种水晶头的安装做法基本没有区别，所以后面的实验全部用非屏蔽水晶头来做。

RJ－45 水晶头和双绞线的连接需要按照国际标准的线序来安装，目前的线序标准有两种，分别是 EIA/TIA 568A 标准和 EIA/TIA 568B 标准，如图 3－7 所示。水晶头的看线方法是把水晶头有铜片的那一面朝向观察者，铜片从左到右的排序为 1－8。

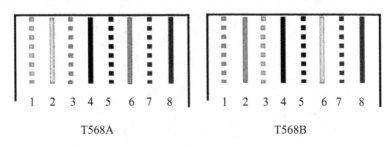

图 3－7　跳线排线顺序图

EIA/TIA 568A 的基本线序：

绿白，绿，橙白，蓝，蓝白，橙，棕白，棕。

EIA/TIA 568B 的基本线序：

橙白，橙，绿白，蓝，蓝白，绿，棕白，棕。

双绞线两端采用同一标准，这条线叫直通线，常见于计算机和交换机的相连；如果两端采用不同的接线标准，则称为交叉线，常用于同种设备相连，如计算机和计算机相连，路由器与路由器相连。

双绞线与水晶头相连的操作步骤：

1. 准备工具

准备好 5 类线、RJ－45 插头和一把专用的压线钳，如图 3－8 所示。

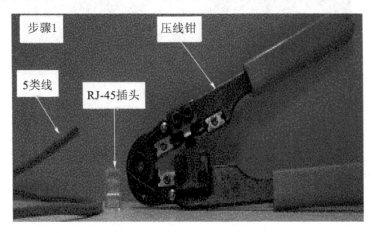

图 3－8　工具准备

2. 将双绞线的外表皮剥除

用压线钳的剥线刀口将 5 类线的外保护套管划开（轻轻旋转一周，小心不要将里面的双绞线的绝缘层划破），刀口距 5 类线的端头至少 2 厘米，如图 3 – 9 所示。

图 3 – 9 剥除外表皮

3. 除去外套层

将划开的外保护套管剥去（旋转、向外抽），如图 3 – 10 所示。

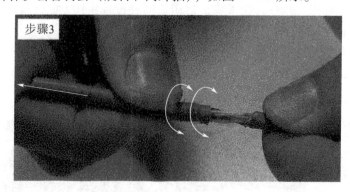

图 3 – 10 去除外套层

4. 查线

将 4 对双绞线分开，并查看双绞线是否损坏，如有破损或断裂的情况出现，则要重复上述步骤 2 和步骤 3，如图 3 – 11 所示。

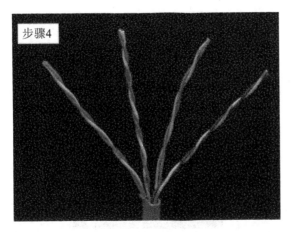

图 3 - 11　查线

5. 按照标准线序进行排列

按照 EIA/TIA - 568B 标准和导线颜色将导线按规定的序号排好，线序为橙白，橙，绿白，蓝，蓝白，绿，棕白，棕，如图 3 - 12 所示。

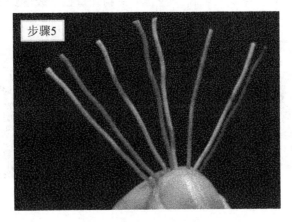

图 3 - 12　按标准排列线序

6. 整齐双绞线

将 8 根导线平坦整齐地平行排列，导线间不留空隙，如图 3 - 13 所示。

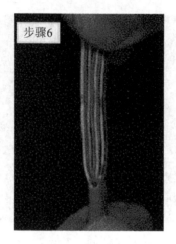

图 3 – 13　整齐双绞线

7. 剪线

用压线钳的剪线刀口将 8 根导线剪断。请注意：一定要剪得很整齐。剥开的导线长度不可太短（10 ～ 12mm）。可以先留长一些。不要剥开每根导线的绝缘外层，如图 3 – 14 所示。

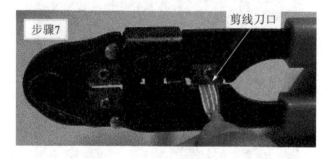

图 3 – 14　剪线

8. 剪线后效果图

剪线后的效果如图 3 – 15 所示。

图 3 – 15　剪线后效果

9. 将网线插入 RJ – 45 水晶头内

将剪断的电缆线放入 RJ – 45 插头试试长短（要插到底），线对在 RJ – 45 插头头部能够见到铜芯，电缆线的外保护层最后应能够在 RJ – 45 插头内的凹陷处被压实。反复进行调整，如图 3 – 16 所示。

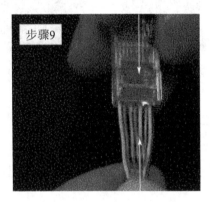

图 3 – 16　将网线插入 RJ – 45 接头

10. 准备工作

在确认一切都正确后（特别要注意不要将导线的顺序排列反了），将 RJ – 45 插头放入压线钳的压头槽内，准备最后的压实，如图 3 – 17 所示。

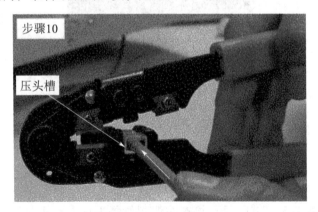

图 3 – 17　压线准备

11. 使用制线钳进行压制

双手紧握压线钳的手柄，用力压紧，如图 3 – 18 及图 3 – 19 所示。请注意，在这一步骤完成后，插头的 8 个针脚接触点就会穿过导线的绝缘外层，分别和 8 根导线紧紧地压接在一起。

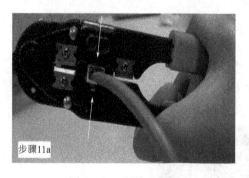

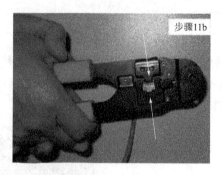

图 3 - 18   压线步骤 1   图 3 - 19   压线步骤 2

12. 成品

现在已经压接完了，然后把 RJ - 45 插头从压接工具上取下来，并检查。确认所有的导线都连接起来了，并且所有的针脚都被压接到各自所对应的导线里。如果有一些没有完全压入导线内，再将 RJ - 45 插头插入压接工具并重新进行压接，制作好的成品如图 3 - 20 所示。

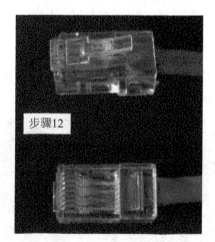

图 3 - 20   压线成品

13. 数据跳线测通

使用测线仪（如图 3 - 21 所示）检查跳线制作是否正确，将跳线分别插到测线仪的信号发射端和信号接收端，按启动测试按钮开始测试。

（1）交叉线的测试：用电缆测线仪测试已经做好的网线，然后检查主模块与另一模块的八个指示灯是否按 1 - 3、2 - 6、3 - 1、4 - 4、5 - 5、6 - 2、7 - 7、8 - 8 的顺序轮流发光，来判断所做的网线是否合格。

（2）直通线的测试：检查主模块与另一模块的八个指示灯是否按 1 - 1、2 - 2、3 - 3、4 - 4、5 - 5、6 - 6、7 - 7、8 - 8 的顺序轮流发光。

图 3-21 测线仪

3.2 光纤熔接

3.2.1 预备知识

1. 光纤的定义

光导纤维是一种传输光束的细而柔韧的媒质。光导纤维电缆由一捆纤维组成，简称为光缆。光缆是数据传输中最有效的一种传输介质，本节介绍光纤的结构、光纤的种类、光纤通信系统的简述和基本构成。光纤通常是由石英玻璃制成，其横截面积很小的双层同心圆柱体，也称为纤芯，它质地脆，易断裂，由于这一缺点需要外加一保护层。

2. 光纤的种类

光纤主要有两大类，即单模/多模和折射率分布类。

（1）单模/多模。单模光纤（Single Mode Fiber，SMF）的纤芯直径很小，在给定的工作波长上只能以单一模式传输，传输频带宽，传输容量大。光信号可以沿着光纤的轴向传播，因此光信号的损耗很小，色散也很小，传播的距离较远。单模光纤 PMD 规范建议芯径为 $8 \sim 10\mu m$ 包括包层直径为 $125\mu m$。多模光纤（Multi Mode Fiber，MMF）是在给定的工作波长上，能以多个模式同时传输的光纤。多模光纤的纤芯直径一般为 $50 \sim 200\mu m$，而包层直径的变化范围为 $125 \sim 230\mu m$，计算机网络用纤芯直径为 $62.5\mu m$，包层为

125μm，也就是通常所说的 62.5μm。与单模光纤相比，多模光纤的传输性能要差。在导入波长上分单模 1310nm、1550nm；多模 850nm、1310nm。

（2）折射率分布类。折射率分布类光纤可分为跳变式光纤和渐变式光纤。跳变式光纤纤芯的折射率和保护层的折射率都是常数，在纤芯和保护层的交界面折射率呈阶梯型变化。渐变式光纤纤芯的折射率随着半径的增加而按一定规律减小，在纤芯与保护层交界处减小为保护层的折射率，在纤芯的折射率的变化是近似于抛物线形。折射率分布类光纤光束传输示意图如图 3-22 所示。

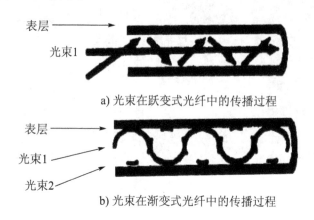

a) 光束在跃变式光纤中的传播过程

b) 光束在渐变式光纤中的传播过程

图 3-22   光在折射率分布类光纤中的传输过程

3. 光纤通信

光纤通信系统是以光波为载体、光导纤维为传输介质的通信方式，起主导作用的是光源、光纤、光发送机和光接收机。

（1）光源——光源是光波产生的根源；

（2）光纤——光纤是传输光波的导体；

（3）光发送机——光发送机负责产生光束，将电信号转变成光信号，再把光信号导入光纤；

（4）光接收机——光接收机负责接收从光纤上传输过来的光信号，并将它转变成电信号，经解码后再作相应处理。光纤通信系统的基本构成如图 3-23 所示。

图 3-23   光纤通信系统构成

4. 光纤通信系统主要优点

（1）传输频带宽、通信容量大，短距离时达几千兆的传输速率；

（2）线路损耗低、传输距离远；

（3）抗干扰能力强，应用范围广；

（4）线径细、质量小；

（5）抗化学腐蚀能力强；

（6）光纤制造资源丰富。

在网络工程中，一般是 $62.5\mu m/125\mu m$ 规格的多模光纤，有时也用 $50\mu m/125\mu m$ 和 $100\mu m/140\mu m$ 规格的多模光纤。户外布线大于 $2km$ 时可选用单模光纤。在进行综合布线时需要了解光纤的基本性能。

3.2.2　任务实施

在光纤连接器的具体操作过程中，一般来讲分为：SC 连接器安装和 ST 连接器安装。它们的操作步骤大致相同，故不再分开叙述。

1. 准备工作

光纤熔接工作不仅需要专业的熔接工具，还需要很多普通的工具辅助完成这项任务，如剪刀，竖刀等（如图 3 – 24）。

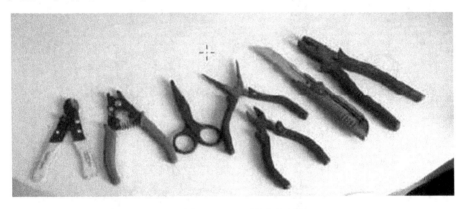

图 3 – 24　工具准备

2. 安装工作

一般我们都是通过光纤收容箱（如图 3 – 25）来固定光纤的，将户外接来的用黑色保护外皮包裹的光纤从收容箱的后方接口放入光纤收容箱中。在光纤收容箱中将光纤环绕并固定好防止日常使用松动。

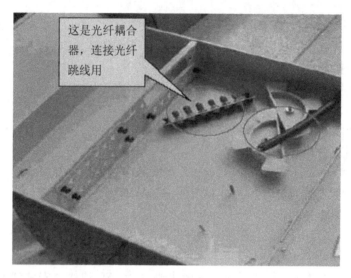

图 3-25   通过光纤收容箱安装

3. 去皮工作

首先将黑色光纤外表去皮（如图 3-26），大概去掉 1m。

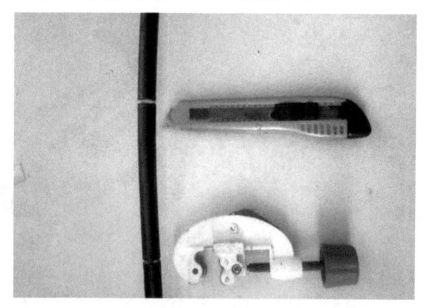

图 3-26   去皮

接着使用美工刀将光纤内的保护层去掉（如图 3-27）。要特别注意的是，由于光纤线芯是用玻璃丝制作的，很容易被弄断，一旦弄断就不能正常传输数据了。

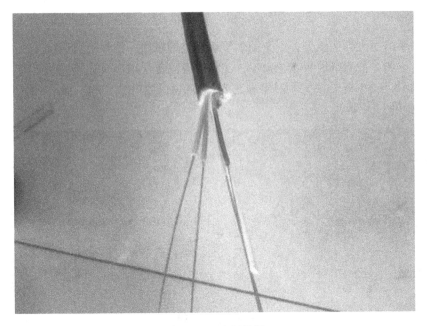

图 3 – 27　去保护层

4. 清洁工作

不管我们在去皮工作中多小心也不能保证玻璃丝没有一点污染,因此在熔接工作开始之前我们必须对玻璃丝进行清洁。比较普遍的方法就是用纸巾沾上酒精,然后擦拭清洁每一小根光纤(如图 3 –28)。

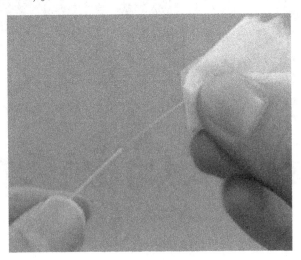

图 3 – 28　清洁光纤

5. 切割

切割时用的是光纤切线刀，一个类似于小盒子的东西。首先把刀盖打开，把刀片拨至靠近自己的一侧，把光纤放置在小盒中，注意把有涂覆层跟没有涂覆层的交接点放置在切线刀刻度的 18 ～ 20cm 处（为了放置在光纤熔接机时足够长）。扣上盖子，拨动刀片。注意轻拿轻放（图 3 – 29）。

图 3 – 29　切割

6. 套接工作

清洁完毕后，我们要给需要熔接的两根光纤各自套上光纤热缩套管（图 3 – 30），光纤热缩套管主要用于在玻璃丝对接好后套在连接处，经过加热形成新的保护层。

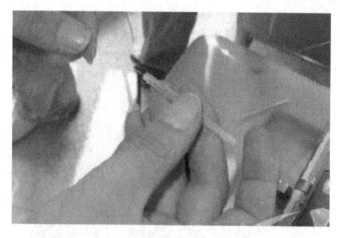

图 3 – 30　套接

7. 熔接工作

将两端剥去外皮露出玻璃丝的光纤放置在光纤熔接器中（图 3 – 31）。

图 3 - 31　熔接

　　然后将玻璃丝固定，按 SET 键开始熔接。可以从光纤熔接器的显示屏中可以看到两端玻璃丝的对接情况，如果对得不是太歪的话，仪器会自动调节对正，当然我们也可以通过按钮 X，Y 手动调节位置。等待几秒钟后就完成了光纤的熔接工作。

第四章　网络工程实施

4.1　信息模块压制

1. 准备工具

准备好5类模块、剥线器（或压线钳）和打线刀（图4-1）。

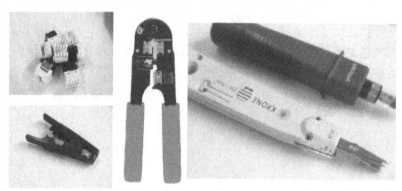

图4-1　工具准备

2. 将双绞线的外表皮剥除

用压线钳的剥线刀口将5类线的外保护套管划开（轻轻旋转一周，小心不要将里面的双绞线的绝缘层划破），刀口距5类线的端头至少4厘米，如图4-2所示。

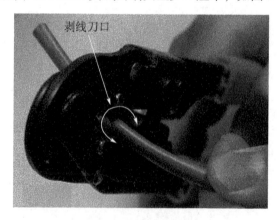

剥线刀口

图4-2　剥外表皮

3. 除去外套层

将划开的外保护套管剥去（旋转、向外抽），如图 4 - 3 所示。

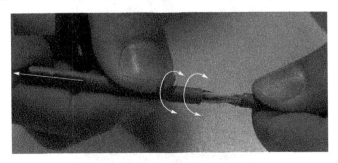

图 4 - 3 除去外套层

4. 准备工作

将 4 对双绞线分开，并查看双绞线是否损坏，如有破损或断裂的情况出现，则要重复上述步骤 2 和步骤 3，如图 4 - 4 所示。

图 4 - 4 检查双绞线

5. 理线

根据模块的基本线序，将 5 类双绞线的 8 根线分别卡入模块的 8 个金属卡口中，如图 4 - 5 所示。

图4-5　理线

6. 打线

用打线工具把已卡入到卡线槽中的芯线打入到卡线槽的底部，以使芯线与卡线槽接触良好、稳固。操作方法如图4-6所示，对准相应芯线，往下压，当卡到底时会有"咔"的声响。注意打线工具的卡线缺口旋转位置。排好线序以后，使用打线刀将多余的双绞线进行切除。

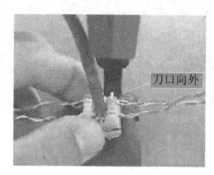

图4-6　打线

7. 成品

切线完成后的成品如图4-7所示。

注意：如果是遇到下面的信息模块，如图4-8所示，压制方法的步骤如下：

图4-7　成品

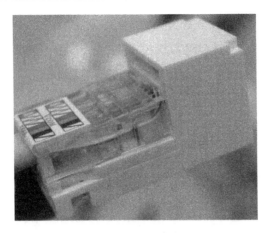

图 4 - 8　信息模块

（1）按照前面的步骤 1～4 操作，把双绞线的外套皮剥去（图 4 - 9）。

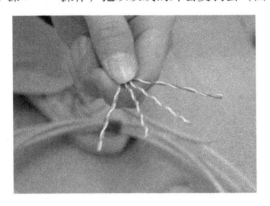

图 4 - 9　除外套皮

（2）按信息模块规定的 B 标（或 A 标）线序打开双绞线，如图 4 - 10 所示。

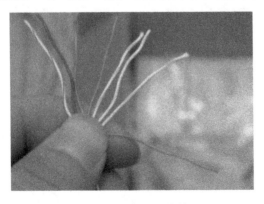

图 4 - 10　打开双绞线

（3）理平、理直线缆，斜口剪齐，如图4-11所示。

图4-11　理线

（4）线缆按标示线序方向插入至模块，如图4-12所示。

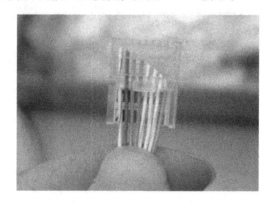

图4-12　按线序插入模块

（5）线缆弯曲至背面（注意留下的开绞长度不超过1.3cm），如图4-13所示。

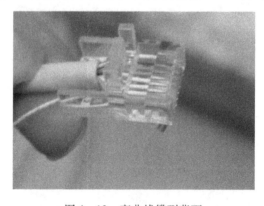

图4-13　弯曲线缆到背面

（6）从背面顶端处剪平线缆，如图 4-14 所示。

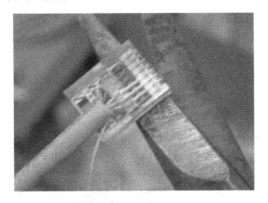

图 4-14　剪平

（7）用压线钳将模块压接至模块底座，如图 4-15 所示。

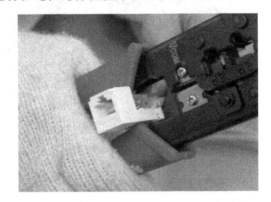

图 4-15　压接

（8）模块压制完成，如图 4-16 所示。

图 4-16　模块压制完成示例

4.2　信息插座安装

（1）把打好线的模块按图4－17所示的方法（注意模块与扣位所对应的方向）卡入到模块面板的模块扣位中。

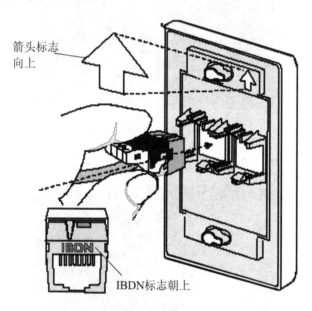

箭头标志
向上

IBDN标志朝上

图4－17　把模块卡入面板

（2）扣好后按图4－18所示的方法查看一下面板的网络接口位是否正确。可用水晶头试插一下，能正确插入即为正确。

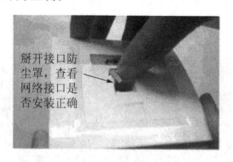

掰开接口防
尘罩，查看
网络接口是
否安装正确

图4－18　检查接口位

（3）正确安装了信息模块的面板如图4－19所示。

图 4 – 19　正确安装示意图

（4）按图 4 – 20 所示的方法，在面板与遮罩板之间的缺口位置用手掰开遮罩板。

这就是用来拆开遮罩板的缺口

图 4 – 20　掰开遮罩板

（5）将已卡接了模块的面板与暗埋在墙内的底盒接合在一起，如图 4 – 21 所示。

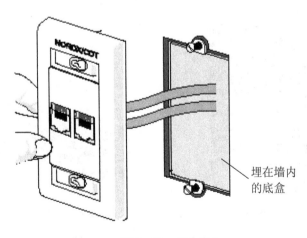

埋在墙内的底盒

图 4 – 21　接合底盒

（6）在螺钉固定孔位中用底盒所带的螺钉，用螺丝刀对准孔位把两者固定起来，如图4-22所示。

（7）最后再盖上面板的遮罩板（主要是为了起到美观的作用，使得看不到固定用的螺钉），并在插座面板上安装标签条，即完成一个模块的全部制作过程。最终制作完成的信息模块如图4-23所示。

图4-22　固定　　　　　　　　　图4-23　盖遮罩板

4.3　110配线系统安装

110配线系统主要应用于楼层管理间和建筑物的设备间内管理语音或数据电缆。各个厂家的110配线系统的组成及安装方法很相似，下面以IBDN 110配线系统为例，介绍110配线系统的安装过程。

1. 110配线系统构成

IBDN 110配线系统主要由配线架、连接块、线缆管理槽、标签、胶条等组成。

（1）100线对或300线对110配线架，如图4-24所示。

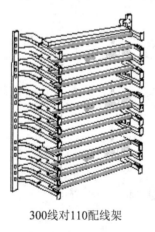 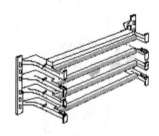

300线对110配线架　　　　　　　　100线对110配线架

图4-24　100线对或300线对110配线架

（2）4线对连接块、5线对连接块，如图4-25所示。

4线对连接块   5线对连接块

图4-25 4线对或5线对连接块

（3）胶条和标签条，用于标注各连接块的信息，如图4-26所示。

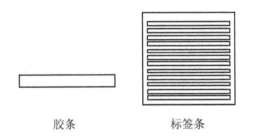

胶条   标签条

图4-26 胶条和标签条

（4）线缆管理槽和线缆管理环，安装在配线架上用于整理和固定线缆，如图4-27所示。

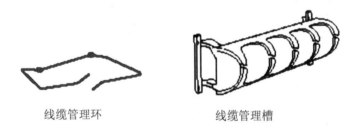

线缆管理环   线缆管理槽

图4-27 线缆管理环和线缆管理槽

2.110配线系统安装步骤

下面详细介绍使用110配线系统构建4对UTP电缆交叉连接管理系统的步骤。

（1）在墙上标记好110配线架安装的水平和垂直位置，如图4-28所示。

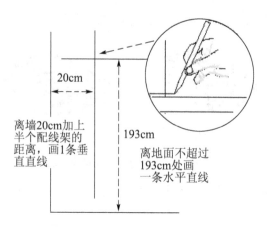

图 4 – 28　在墙上标记 110 配线架安装位置

（2）对于 300 线对配线架，沿垂直方向安装线缆管理槽和配线架并用螺丝固定在墙上，如图 4 – 29 所示。对于 100 线对配线架，沿水平方向安装线缆管理槽，配线架安装在线缆管理槽下方，如图 4 – 30 所示。

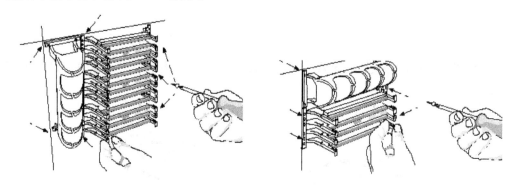

图 4 – 29　300 线对配线架及线缆管理槽固定方法　图 4 – 30　100 线对配线架及线缆管理槽固定方法

（3）每 6 根 4 对电缆为一组绑扎好，然后放到配线架内，如图 4 – 31 所示。注意线缆不要绑扎太紧，要让电缆能自由移动。

（4）确定线缆安装在配线架上各接线块的位置，用笔在胶条上做标记，如图 4 – 32 所示。

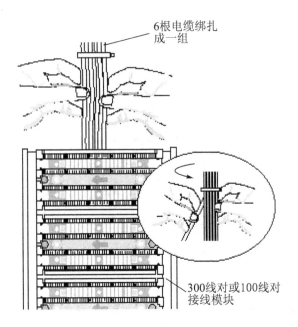

6根电缆绑扎
成一组

300线对或100线对
接线模块

图 4 - 31　成组绑扎电缆并引入配线架

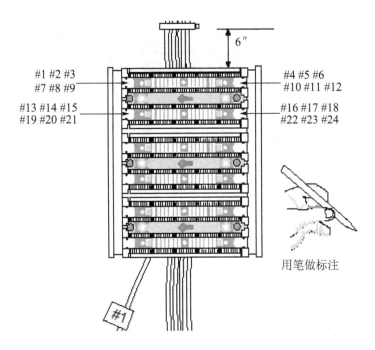

6″

#1 #2 #3
#7 #8 #9

#4 #5 #6
#10 #11 #12

#13 #14 #15
#19 #20 #21

#16 #17 #18
#22 #23 #24

用笔做标注

#1

图 4 - 32　在配线架上标注各线缆连接的位置

（5）根据线缆的编号，按顺序整理线缆以靠近配线架的对应接线块位置，如图 4 - 33 所示。

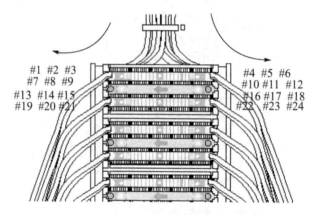

图 4 - 33　按连接接线块的位置整理线缆

（6）按电缆的编号顺序剥除电缆的外皮，如图 4 - 34 所示。

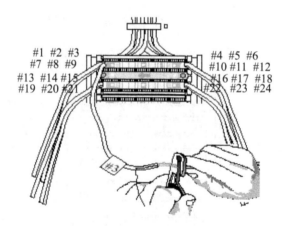

图 4 - 34　剥除电缆外皮

（7）按照规定的线序将线对逐一压入连接块的槽位内，如图 4 - 35 所示。

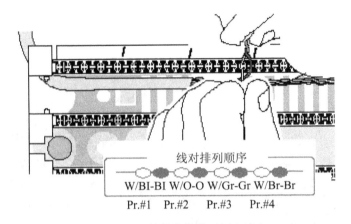

线对排列顺序

W/Bl-Bl W/O-O W/Gr-Gr W/Br-Br

Pr.#1　　Pr.#2　　Pr.#3　　Pr.#4

图 4 - 35　按线序将线对压入槽内

（8）将上下相邻的两个 110 槽位安装完线缆的线对，如图 4 - 36 所示。

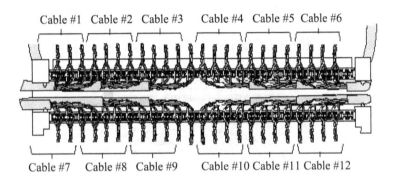

Cable #1　Cable #2　Cable #3　　Cable #4　Cable #5　Cable #6

Cable #7　　Cable #8　Cable #9　　Cable #10 Cable #11 Cable #12

图 4 - 36　将多根线缆的线对压入上下相邻的槽位

（9）使用专用的 110 压线工具，将线对冲压入线槽内，确保将每个线对可靠地压入槽内，如图 4 - 37 所示。注意在冲压线对之前，重新检查线对的排列顺序是否符合要求。

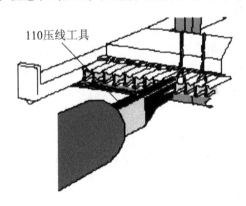

110压线工具

图 4 - 37　使用 110 压线工具将线对冲压入线槽内

（10）使用多线对压接工具，将4线对连接块冲压到110配线架线槽上，如图4－38所示。

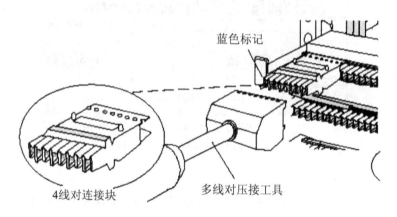

图4－38　使用多线对压接工具将4线对连接块压接到配线架上

（11）在配线架上下两槽位之间安装胶条及标签，如图4－39所示。

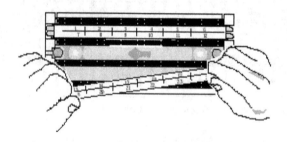

图4－39　在配线架上下槽位间安装标签条

4.4　BIX配线系统安装

BIX配线系统与110配线系统的功能相同，主要用于楼层管理间和设备间的语音和数据电缆的管理。BIX配线系统是IBDN特有的配线产品，它具有可靠性高、可扩展性好等优点，广泛应用于综合布线工程中。

1. BIX配线系统构成

IBDN的BIX配线系统主要由BIX安装架、BIX连接器、胶条、标签、绑扎带等构成。

（1）50线对、100线对、300线对BIX安装架，如图4－40所示。

50线对BIX安装架　　250线对BIX安装架　　300线对BIX安装架

图 4-40　各种规格的 BIX 安装架

（2）25 线对的 BIX 连接器，可以端接 25 线对，如图 4-41 所示。

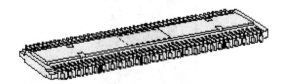

图 4-41　25 线对的 BIX 连接器

（3）胶条、标签纸、绑扎带，如图 4-42 所示。

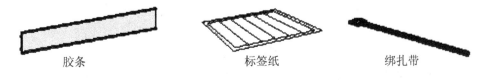

胶条　　　　　　　　标签纸　　　　　　　绑扎带

图 4-42　胶条、标签纸、绑扎带

2. BIX 配线系统安装步骤

下面详细介绍使用 BIX 配线系统构建 4 对 UTP 电缆交叉连接管理系统的步骤。

（1）在墙上确定 BIX 安装架安装的位置，如图 4-43 所示。

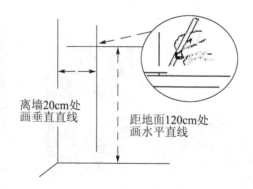

离墙20cm处画垂直直线

距地面120cm处画水平直线

图4-43 确定BIX安装架安装的位置

（2）按照墙上画出的水平和垂直位置，固定BIX安装架，如图4-44所示。

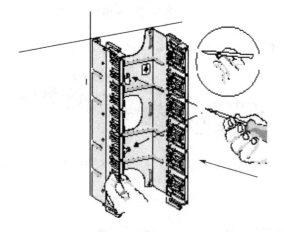

图4-44 固定BIX安装架

（3）在BIX安装架上安装理线环，如图4-45所示。注意理线环安装位置与BIX配线系统的线缆走线位置有关，如图4-46所示为BIX配线系统中各BIX安装架的理线环规划安装图。

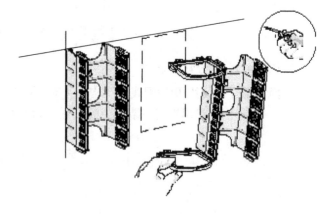

图4-45 在BIX安装架上安装理线环

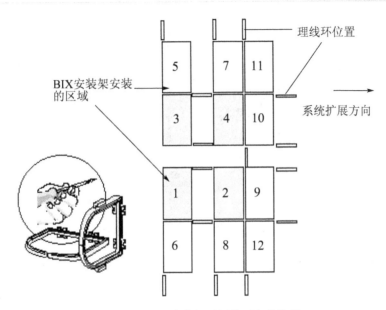

图 4 - 46 BIX 安装架及理线环安装位置

（4）将电缆布设到 BIX 安装架内，并整理绑扎固定，如图 4 - 47 所示。

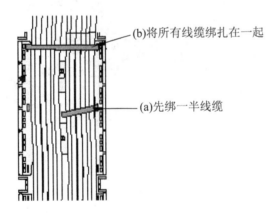

图 4 - 47 在 BIX 安装架内布放电缆并绑扎固定

（5）将 BIX 安装架内的中间一根电缆剥除外皮，在 BIX 安装架上安装 25 对线的 BIX 连接器，如图 4 - 48 所示。

（6）将电缆的线对按顺序压入 BIX 连接器的槽位内，如图 4 - 49 所示。

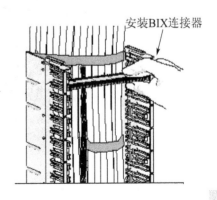

图 4 - 48 安装 BIX 连接器

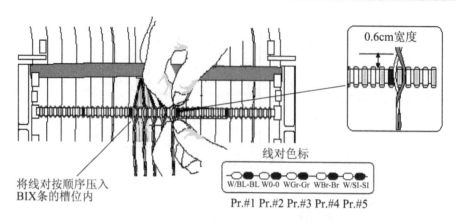

图4-49　按顺序将线对压入 BIX 连接器槽位内

（7）将 BIX 连接器的槽位压放满线对后，用 IBDN 的 BIX 打线工具冲击每个槽位，以加固每个线对与槽位的连接，如图4-50所示。

图4-50　使用 BIX 压线工具加固线对与 BIX 连接器的连接

（8）将 BIX 连接器旋转180°后，卡接在 BIX 安装架的槽位上，如图4-51所示。

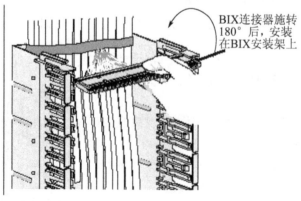

图4-51　BIX 连接器旋转180°后卡接在 BIX 安装架上

（9）根据以上步骤安装完成所有的 BIX 连接器，然后统一打印标签纸并贴在胶条上，如图 4 - 52 所示。将胶条卡接在 BIX 连接器的下方空槽位上。

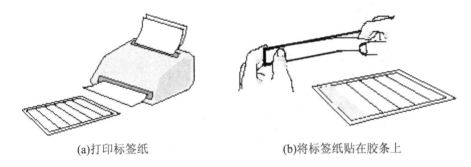

(a)打印标签纸　　　　　　　　　　(b)将标签纸贴在胶条上

图 4 - 52　打印标签纸并贴在胶条上

（10）两个配线区域之间的连接跳线可以通过理线架走线，然后分别端接在两个配线区域的 BIX 连接器上，以实现线路的交叉连接，如图 4 - 53 所示。

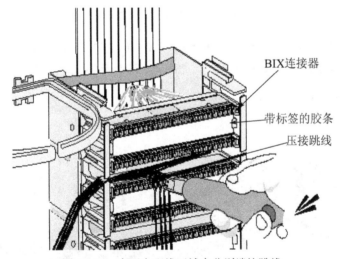

图 4 - 53　在两个配线区域内分别端接跳线

4.5　模块化配线架安装

模块化配线架主要应用于楼层管理间和设备间内的计算机网络电缆的管理。各厂家的模块化配线架结构及安装相类似，因此下面以 IBDN PS5E HD - BIX 配线架为例，介绍模块化配线架安装步骤。

1. 模块化配线架安装步骤

IBDN PS5E HD - BIX 配线架具体安装步骤如下：

（1）使用螺丝将 HD – BIX 配线架固定在机架上，如图 4 – 54 所示。

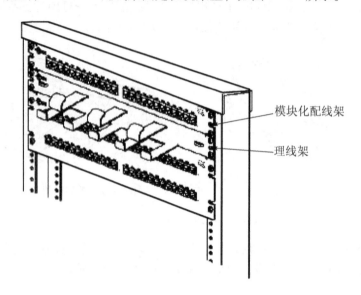

图 4 – 54　在机架上安装配线架

（2）在配线架背面安装理线环，将电缆整理好固定在理线环中并使用绑扎带固定好电缆，一般 6 根电缆作为一组进行绑扎，如图 4 – 55 所示。

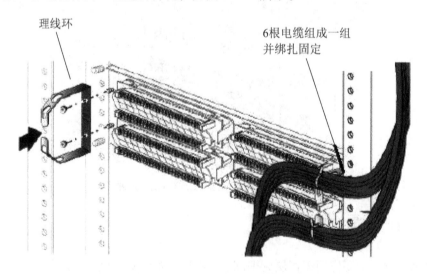

图 4 – 55　安装理线环并整理固定电缆

（3）根据每根电缆连接接口的位置，测量端接电缆应预留的长度，然后使用平口钳截断电缆，如图 4 – 56 所示。

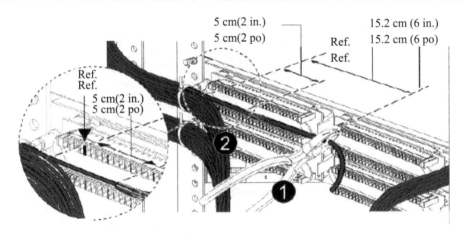

1—平口钳；2—预留电缆

图4-56 测量预留电缆长度并截断电缆

（4）根据系统安装标准选定 T568A 或 T568B 标签，然后将标签压入模块组插槽内，如图4-57所示。

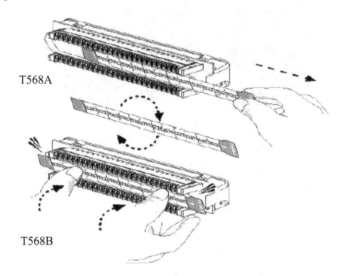

图4-57 调整合适标签并安装在模块组槽位内

（5）根据标签色标排列顺序，将对应颜色的线对逐一压入槽内，然后使用 IBDN 打线工具固定线对连接，同时将伸出槽位外多余的导线截断，如图4-58所示。

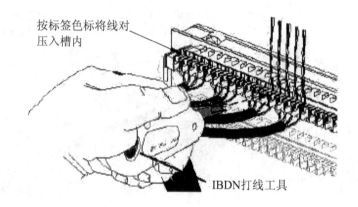

图 4 – 58　将线对逐次压入槽位并打压固定

（6）将每组线缆压入槽位内，然后整理并绑扎固定线缆，如图 4 – 59 所示。

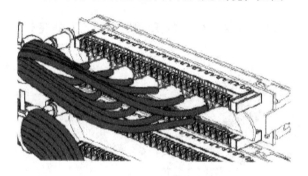

图 4 – 59　整理并绑扎固定线缆

（7）将跳线通过配线架下方的理线架整理固定后，逐一接插到配线架前面板的 RJ – 45 接口，最后编好标签并贴在配线架前面板，如图 4 – 60 所示。

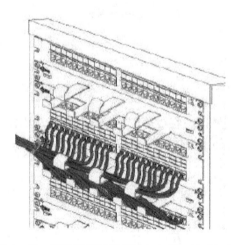

图 4 – 60　将跳线接插到配线架各接口并贴好标签

2. 在机柜内安装模块化配线架步骤

在楼层配线间和设备间内，模块化配线架和网络交换机一般安装在 48cm 的机柜内。为了使安装在机柜内的模块化配线架和网络交换机美观大方且方便管理，必须对机柜内设备的安装进行规划，具体遵循以下原则：

（1）一般模块化配线架安装在机柜下部，交换机安装在其上方；

（2）每个模块化配线架之间安装有一个理线架，每个交换机之间也要安装理线架；

（3）正面的跳线从配线架中出来全部要放入理线架内，然后从机柜侧面绕到上部的交换机间的理线器中，再接插进入交换机端口。

常见的机柜内模块化配线架安装实物图，如图 4-61 所示。

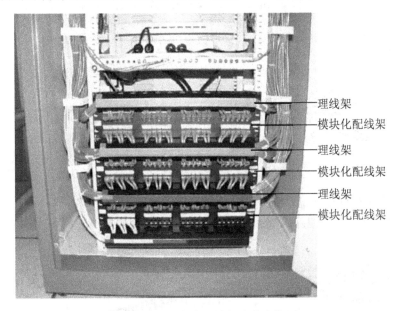

图 4-61　机柜内配线架安装实物图

4.6　线缆安装

在线缆敷设之前，建筑物内的各种暗敷的管路和槽道已安装完成，因此线缆要敷设在管路或槽道内就必须使用线缆牵引技术。为了方便线缆牵引，在安装各种管路或槽道时已内置了一根拉绳（一般为钢绳），使用拉绳可以方便地将线缆从管道的一端牵引到另一端。

根据施工过程中敷设的电缆类型，可以使用三种牵引技术，即牵引 4 对双绞线电缆、牵引单根 25 对双绞线电缆、牵引多根 25 对或更多对线电缆。

1. 牵引 4 对双绞线电缆

主要方法是使用电工胶布将多根双绞线电缆与拉绳绑紧，使用拉绳均匀用力缓慢牵引电缆。具体操作步骤如下：

（1）将多根双绞线电缆的末端缠绕在电工胶布上，如图 4-62 所示。

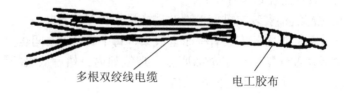

图 4-62　用电工胶布缠绕多根双绞线电缆的末端

（2）在电缆缠绕端绑扎好拉绳，然后牵引拉绳，如图 4-63 所示。

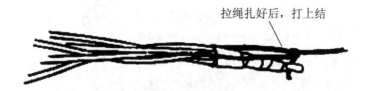

图 4-63　将双绞线电缆与拉绳绑扎固定

4 对双绞线电缆的另一种牵引方法也是经常使用的，具体步骤如下：

（1）剥除双绞线电缆的外表皮，并整理为两扎裸露金属导线，如图 4-64 所示。

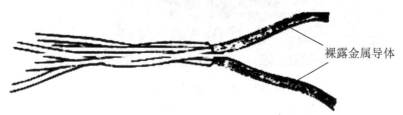

图 4-64　剥除电缆外表皮得到裸露金属导体

（2）将金属导体编织成一个环，再把拉绳绑扎在金属环上，然后牵引拉绳，如图 4-65 所示。

2. 牵引单根 25 对双绞线电缆

主要方法是将电缆末端编织成一个环，然后绑扎好拉绳后，牵引电缆，具体的操作步骤如下：

（1）将电缆末端与电缆自身打结成一个闭合的

图 4-65　编织成金属环以供拉绳牵引

环，如图 4 - 66 所示。

图 4 - 66 电缆末端与电缆自身打结为一个环

（2）用电工胶布加固，以形成一个坚固的环，如图 4 - 67 所示。

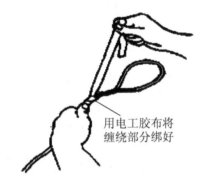

用电工胶布将
缠绕部分绑好

图 4 - 67 用电工胶布加固形成坚固的环

（3）在缆环上固定好拉绳，用拉绳牵引电缆，如图 4 - 68 所示。

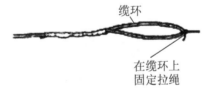

缆环

在缆环上
固定拉绳

图 4 - 68 在缆环上固定好拉绳

3. 牵引多根 25 对双绞线电缆或更多线对的电缆

主要操作方法是将线缆外表皮剥除后，将线缆末端与拉绳绞合固定，然后通过拉绳牵引电缆，具体操作步骤如下：

（1）将线缆外皮表剥除后，将线对均匀分为两组线缆，如图 4 - 69 所示。

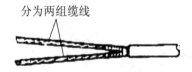

图4-69　将电缆分为两组线缆

（2）将两组线缆交叉地穿过接线环，如图4-70所示。

图4-70　两组线缆交叉地穿过接线环

（3）将两组线缆缠扭在自身电缆上，加固与接线环的连接，如图4-71所示。

图4-71　将缆线缠纽在自身电缆上

（4）在线缆缠扭部分紧密缠绕多层电工胶布，以进一步加固电缆与接线环的连接，如图4-72所示。

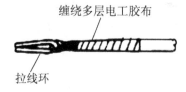

图4-72　在电缆缠扭部分紧密缠绕电工胶布

第五章　网络工程测试与验收

5.1　Fluke 测试仪基本情况介绍

1. 测试标准

由于所有的高速网络都定义了支持 5 类双绞线，所以用户要找一个方法来确定他们的电缆系统是否满足 5 类双绞线规范。为了满足用户的需要，EIA（美国电子工业协会）制定了 EIA568 的 TSB–67 标准，它适用于已安装好的双绞线连接网络，并提供一个用于"认证"双绞线电缆是否达到 5 类线所要求的标准。由于确定了电缆布线满足新的标准，用户就可以确信他们现在的布线系统能否支持未来的高速网络（100Mbps）。随着 TSB–67 的最后通过（1995 年 10 月已正式通过），它对电缆测试仪的生产商提出了更严格的要求。对网络电缆和不同标准所要求的测试参数如表 5–1 所示。

表 5–1　网络电缆及对应的标准

电缆类型	网络类型	标准
UTP	令牌环 4Mbps	IEEE 802.5 for 4Mbps
UTP	令牌环 16Mbps	IEEE 802.5 for 16Mbps
UTP	以太网	IEEE 802.3 for 10Base–T
RG58/RG58 Foam	以太网	IEEE 802.3 for 10Base2
RG58	以太网	IEEE 802.3 for 10Base5
UTP	快速以太网	IEEE 802.12
UTP	快速以太网	IEEE 802.3 for 10Base–T
UTP	快速以太网	IEEE 802.3 for 100Base–T4
URP	3，4，5 类电缆现场认证	TIA 568，TSB–67

2. Fluke 主要测试内容

作为超 5 类线，6 类线的测试参数主要有以下内容：

（1）接线图：该步骤检查电缆的接线方式是否符合规范。错误的接线方式有开路（或称断路）、短路、反向、交错、分岔线对及其他错误。

（2）连线长度：局域网拓扑对连线的长度有一定的规定，如果长度超过了规定的指标，信号的衰减就会很大。连线长度的测量是依照 TDR（时间域反射测量学）原理来进行的，但测试仪所设定的 NVP（额定传播速率）值会影响所测长度的精确度，因此在测量连线长度之前，应该用不短于 15 米的电缆样本做一次 NVP 校验。

（3）衰减量：信号在电缆上传输时，其强度会随传播距离的增加而逐渐变小。衰减量与长度及频率有着直接关系。

（4）近端串扰（NEXT）：当信号在一个线对上传输时，会同时将一小部分信号感应到其他线对上，这种信号感应就是串扰。串扰分为 NEXT（近端串扰）与 FEXT（远端串扰），但 TSB - 67 只要求进行 NEXT 的测量。NEXT 串扰信号并不仅仅在近端点才会产生，但是在近端点所测量的串扰信号会随着信号的衰减而变小，从而在远端处对其他线对的串扰也会相应变小。实验证明在 40 米内所测量到的 NEXT 值是比较准确的，而超过 40 米处链路中产生的串扰信号可能就无法测量到，因此，TSB - 67 规范要求在链路两端都要进行对 NEXT 值的测量。

（5）SRL（Structural Return Loss）：S R L 是衡量线缆阻抗一致性的标准，阻抗的变化引起反射（return reflection）、噪音（noise）的形成，并使一部分信号的能量被反射到发送端。SRL 是测量能量的变化的标准，由于线缆结构变化而导致阻抗变化，使得信号的能量发生变化，TIA/EIA568A 要求在 100MHz 下 SRL 为 16dB。

（6）等效式远端串扰：等效远端串扰（ELFEXT Equal Level Fezt）与衰减的差值以 dB 为单位，是信噪比的另一种表示方式，即两个以上的信号朝同一方向传输时的情况。

（7）综合远端串扰（Power Sum ELFEXT）：综合近端串扰和综合远端串扰的指标正在制定过程中，有许多公司推出自己的指标，但这些指标在作者写作本书时还没有标准化组织认可。

（8）回波损耗（Return Loss）：回波损耗是关心某一频率范围内反射信号的功率，与特性阻抗有关，具体表现为：电缆制造过程中的结构变化；连接器；安装。这 3 种因素是影响回波损耗数值的主要因素。

（9）特性阻抗（Characteristic Impedance）：特性阻抗是线缆对通过的信号的阻碍能力。它是受直流电阻、电容和电感的影响，要求在整条电缆中必须保持是一个常数。

（10）衰减串扰比（Attenuation-to-crosstalk Ratio，ACR）：是同一频率下近端串扰 NEXT 和衰减的差值，用公式可表示为：ACR = 衰减的信号 - 近端串扰的噪音。它不属于 TIA/ETA - 568A 标准的内容，但它对于表示信号和噪声串扰之间的关系有着重要的价值。实际上，ACR 是系统 SNR（信噪比）衡量的唯一衡量标准，它是决定网络正常运行的一个因素，ACR 包括衰减和串扰，它还是系统性能的标志。

ACR 有些什么要求呢？国际标准 ISO/IEC11801 规定在 100MHz 下，ACR 为 4dB，T568A 对于连接的 ACR 要求是在 100MHz 下，为 7.7dB。在信道上 ACR 值越大，SNR 越好，从而对于减少误码率（BER）也是有好处的。SNR 越低，BER 就越高，使网络由于错误而重新传输，大大降低了网络的性能。

5.2 Fluke 测试仪的使用

5.2.1 测试仪主界面

主界面如图 5 – 1 所示。

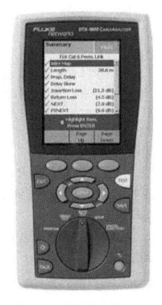

图 5 – 1 测试仪主界面 1

① 带有背光及可调整亮度的 LCD 显示屏幕。

② (测试)：开始目前选定的测试。如果没有检测到智能远端，则启动双绞线布线的音频发生器。当两个测试仪均接妥后，即开始进行测试。

③ (保存)：将"自动测试"结果保存于内存中。

④ 旋转开关可选择测试仪的模式。MONITOR 为监测，SINGLETEST 为单一测试，AUTOTEST 为自动测试，SETUP 为设置，及 SPECIAL FUNCTIONS 为特殊功能。

⑤ ◎：开/关按键。

⑥ (对话)：按下此键可使用耳机来与链路另一端的用户对话。

⑦ ：按下此键来打开或关闭显示屏背光。按住 1 秒钟来调整显示屏的对比度。

⑧ ：箭头键可用于导览屏幕画面并递增或递减字母数字的值。

⑨ (输入)："输入"键可从菜单内选择突显的项目。

⑩ (退出)：退出当前的屏幕画面而不保存更改。

⑪ ：软键提供与当前的屏幕画面有关的功能。功能显示于屏幕画面软键之上。

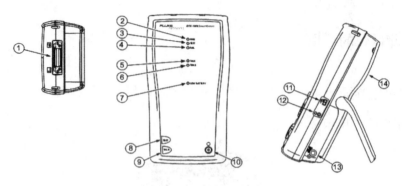

图 5 - 2　测试仪主界面 2

① 双绞线接口适配器的连接器。

② 当测试通过时，"通过"LED 指示灯会亮。

③ 在进行缆线测试时，"测试"LED 指示灯会点亮。

④ 当测试失败时，"失败"LED 指示灯会亮。

⑤ 当智能远端位于对话模式时，"对话"LED 指示灯会点亮。按 [TALK] 键来调整音量。

⑥ 当您按 [TEST] 键但没有连接主测试仪时，"信号声"LED 指示灯会点亮，而且音频发生器会开启。

⑦ 当电池电能不足时，"低电量"LED 指示灯会点亮。

⑧ [TEST]：如果没有检测到主测试仪，则开始目前在主机上选定的测试将会激活双绞线布线的音频发生器。当连接两个测试仪后便开始进行测试。

⑨ [TALK]：按下此键使用耳机来与链路另一端的用户对话。再按一次来调整音量。

⑩ ⑩：开/关按键。

⑪ 用于更新 PC 测试仪软件的 USB 端口。

⑫ 用于对话模式的耳机插座。

⑬ 交流适配器连接器，如图 5 - 2 所示。

⑭ 模块托架盖。推开托架盖来安装可选的模块，如光缆模块。

5.2.2　测试步骤

1. 基准设置

在下列情况需进行基准设置。

（1）当您想要将测试仪用于不同的智能远端。您可将测试仪的基准设置为两个不同的智能远端。

（2）每隔 30 天做一次自校准，用自测试来检查硬件情况。

设置基准步骤：

（1）连接永久链路及通道适配器，然后如

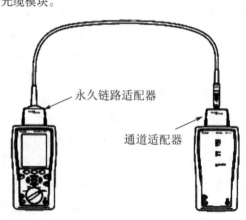

永久链路适配器

通道适配器

图 5 - 3　基准设置

图 5 - 3 所示进行连接。

（2）将旋转开关转至"SPECIAL FUNCTIONS"，然后开启智能远端。

（3）突出显示"设置基准"；然后按"ENTER"键。如果同时连接了光缆模块及铜缆适配器，接下来选择"链路接口适配器"。

（4）按"TEST"键。

2. 校准 NVP 值

用不小于 15m 的双绞线校准 NVP 值。

3. 连接被测链路

将测试仪主机和远端机连上被测链路，如果是通道测试就使用原跳线连接仪表，如果是永久链路测试，就必须用永久链路适配器连接，如图 5 - 4 和图 5 - 5 所示。

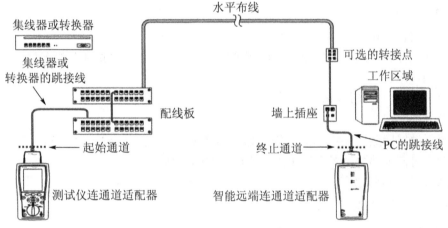

图 5 - 4　通道测试

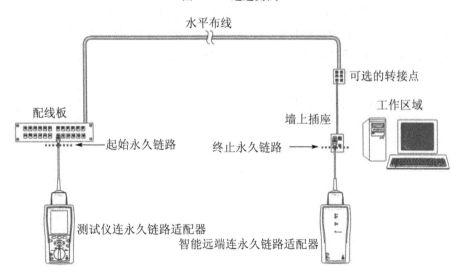

图 5 - 5　永久链路测试

4. 设置测试标准和线缆类型

在用测试仪测试之前，需要选择测试依据的标准：北美、国际和欧洲标准。

需要选择测试链路类型：基本连接方式，通道连接方式，永久连接方式。

需要选择线缆类型：3类、5类、5e类、6类双绞线、多模光纤和单模光纤等。

方法：

将旋转开关转至"设置"，然后选择"双绞线"。从"双绞线"选项卡中设置以下设置值：

（1）缆线类型：选择一个缆线类型列表；然后选择要测试的缆线类型。

（2）测试极限：选择执行任务所需的测试极限值。屏幕画面会显示最近使用的九个极限值。按"F1"键来查看其他极限值列表。

5. 其他设置

其他相关设置包括：

设置测试相关信息：测试单位、被测单位、测试人姓名、测试地点等名称，上述信息将出现在测试报告的上方。

设置长度单位：英尺/米。

设置日期时间。

设置远端辅助测试仪指示灯，蜂鸣器。由于测试是在主机和远端机相互配合下进行的，该功能可使远端测试者了解主机一侧该链路测试结果。

选择打印／显示语言。

设置测试环境温度，等等。

6. 自动测试

将旋转开关转至"AUTO TEST"，然后开启智能远端。依图 5-5 所示的永久链路连接方法或依图 5-4 所示的通道连接方法，连接至布线。按测试仪或智能远端的"TEST"键进行自动测试。若要随时停止测试，请按"EXIT"键。

7. 自动测试概要结果

图 5-6 说明自动测试概要屏幕。

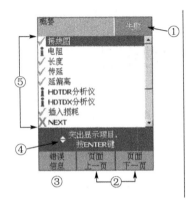

① 通过：所有参数均在极限范围内。
　　失败：有一个或一个以上的参数超出极限值。
　　通过*/失败*：有一个或一个以上的参数在测试仪准确度的不确
　　定性范围内，且特定的测试标准要求"*"注记。
② 按 F2 或 F3 键来滚动屏幕画面。
③ 如果测试失败，按 F1 键来查看诊断信息。
④ 屏幕画面操作提示：使用 ⌄ ⌄ 键来突出显示某个参数；
　　按 ENTER 键。
⑤ √：测试结果通过。
　　↑：参数已被测量，但选定的测试极限内没有通过/失败极限值。
　　✕：测试结果失败。
　　✳：数值在测试仪准确度的不确定性范围内

图 5-6　自动测试

8. 单项测试

当需要单独分析问题、启动 TDR 和 TDX 功能、扫描定位故障时，进入单项测试程序。

9. 保存结果

主机面板显示"通过"表示测试通过；"显示失败"表示测试失败，按主机上的"SAVE"键保存自动测试结果，按"View Result"查看测试结果。

10. 打印

可通过串口直接连打印机打印，也可用移动存储卡用分离读卡机连上计算机打印。

测试中出现"失败"时，将旋钮转至"SINGLE TEST"，进行相应的故障诊断测试。

第六章　安防报警系统

6.1　系统概述

闭路电视监控系统是安全防范体系中的一个重要组成部分，是一种先进的、防范能力极强的综合系统，它可以通过遥控摄像机及其辅助设备（镜头、云台等）直接观看被监视场所的一切情况，可以把被监视场所的情况一目了然。同时，电视监控系统还可以和其他安全技术防范体系联动运行，使其防范能力更强。

安防报警系统实验装置是依据目前建筑电气、楼宇智能化专业的实验内容精心设计的综合实验装置，结合当前闭路电视监控的技术要点，采用优质监控设备，并配置包括彩色一体化球机、彩色枪形摄像机在内的多种类型的摄像机、监控矩阵、硬盘录像机等，实现了闭路监控系统的图像捕捉、传输、控制、图像处理和显示全部内容，提供远程网络视频监控功能，并且实现与周边防范系统的联动功能，系统稳定可靠，安装简单易学，可为实验教学提供更多研究（图 6-1）。

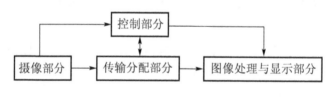

图 6-1　闭路电视系统图

闭路电视监控系统属于应用电视，作为一种有效的观测工具，通过在公众区、设备间及其他重要场所设立监视区，对其情景状态进行监视，实时、形象、真实地反映楼内各种设备的运行和人员活动，以便及时观察到该区发生的紧急事件，为保安、消防、楼宇自控部门提供决策依据，从而达到维护治安、保障安全的目的。如图 6-2 所示：闭路电视监视系统的功能包括摄像、传输、控制和显示记录四个部分。因为电视监控系统和广播电视一样，采用同轴电缆或光缆作为电视信号的传输介质，并不向空间发射频率，故称为闭路电视（Closed Circuit TeleVision，CCTV）。电视监控系统与广播电视的不同之处在于其信息来源于多台摄像机，多路信号要求同时传输、同时显示，除了向接收端传输视频信号外，还要向摄像机传送控制信号和电源，因而是一种双向的多路传输系统。

防盗报警系统是在探测到被防范现场有入侵者时能及时发出报警信号的专用电子系统，一般由探测器、传输系统和报警控制器组成。探测器检测到有外界入侵时产生的报警信号，自动通过电话通知当事人，或将报警信号自动传送给上级（或 110）值班中心。

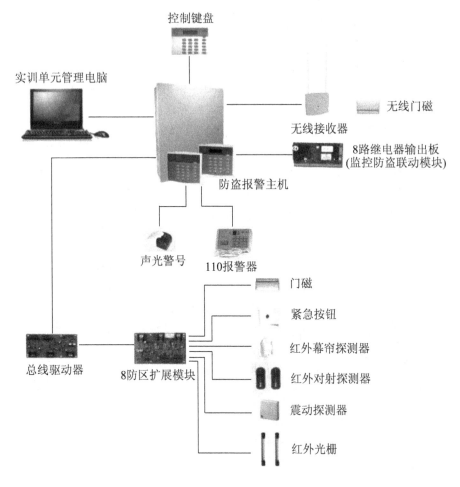

控制键盘

实训单元管理电脑

无线门磁

无线接收器

8路继电器输出板
(监控防盗联动模块)

防盗报警主机

声光警号　110报警器

门磁

紧急按钮

红外幕帘探测器

红外对射探测器

震动探测器

总线驱动器　8防区扩展模块

红外光栅

图 6-2　闭路电视监控系统图

6.2　防盗报警系统详细介绍

1. 室外防范系统（周界防范系统）

室外防范系统由前端探测器（对射探头）和报警主机及一些辅助设备（电源、显示地图、警号、探头安装支架）构成。室外防范系统是防盗报警系统中的其中一个经常应用的系统，它广泛应用于小区、学校、医院、厂矿企业等。通过几组或者十几组红外对射探测器，在相应的区域围墙安装完毕，就可以组成较封闭的"电子围墙"，在设防状态下，如果有人入侵则会在报警中心显示相应的报警区域，形成全防范的"天网"。

探测器的种类很多，按所探测的物理量的不同，可分为微波、红外、激光、超声波和振动等方式；按电信号传输方式不同，又可分为无线传输和有线传输两种方式；信号探测方式又分为常闭信号模式（NC）和常开信号模式（NO）。

（1）系统的基本组成

红外线报警器是利用红外线的辐射和接收构成的报警装置。根据工作原理，又可分为主动式和被动式两种类型。一般对射、栅栏探测器属于主动式红外探测器，空间探测器、玻璃破碎探测器、门磁、紧急按钮等属于被动式红外探测器。

主动式红外探测器是由收、发装置两部分组成。发射装置向装在几米甚至于几百米远的接收装置辐射一束红外线，当被遮断时，接收装置即发出报警信号，因此，它也是阻挡式报警器，或称对射式探测器。通常，发射装置由多谐振荡器、波形变换电路、红外发光管及光学透镜等组成。振荡器产生脉冲信号，经波形变换及放大后控制红外发光管产生红外脉冲光线，通过聚焦透镜将红外光变为较细的红外光束，射向接收端。如图6-3所示。

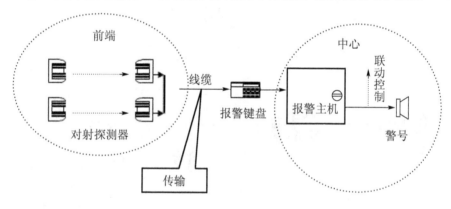

图6-3　系统组成

（2）工作原理

探测器工作原理如图6-4所示：发射端发出多束有效宽度为100mm的人视觉不可见的防卫射束构成网状，接收端在收到防卫射束时，进入防卫状态。

图6-4　防卫状态

当任一条防卫射束被完全遮断超过 40ms 时，接收端的蜂鸣器会产生现场提示音，报警信号输出电路立即向主机发出无线报警信号如图 6 - 5 所示。

图 6 - 5　发报警信号

如果有飞禽（如小鸟、鸽子）飞过被保护区域（图 6 - 6），由于其体积小于被保护区域，仅能遮挡一条红外射线，则发射端认为正常，不向报警主机报警。

图 6 - 6　不报警情况

接收装置由光学透镜、红外光电管、放大整形电路、功率驱动器及执行机构等组成。光电管将接收到的红外光信号转变为电信号，经整形放大后推动执行机构启动报警设备。主动式红外报警器有较远的传输距离，因红外线属于非可见光源，入侵者难以发觉与躲避，防御界线非常明确。主动式红外报警器是点型、线型探测装置，除了用作单机的点警戒和线警戒外，为了在更大范围有效地防范，也可以利用多机采取光墙或光网安装方式组成警戒封锁区或警戒封锁网，乃至组成立体警戒区。单光路由一个发射器和一个接收器组成。

双光路由两对发射器和接收器组成。两对收、发装置分别相对，是为了消除交叉误射，多光路构成警戒面，反射单光路构成警戒区。

2. 室内防范系统

室内防范系统由前端探测器（空间探测器、玻璃破碎探测器、门磁、紧急按钮）和报警主机及一些辅助设备（电源、显示地图、警号、探头安装支架）构成，主要对门、窗、阳台和主要通道进行监控，按物理特性分也可称为被动式红外探测器。

被动式红外报警器不向空间辐射能量，而是依靠接收人体发出的红外辐射能量来进行报警的。任何有温度的物体都在不断向外界辐射红外线，人体的表面温度为 36 ～ 37℃，其大部分辐射能量集中在 8 ~ 12μm 的波长范围内。被动式红外报警器在结构上可分为红外探测器（红外探头）和报警控制部分。红外探测器目前用得最多的是热释电探测器，作为人体红外辐射转变为电量的传感器。如果把人的红外辐射直接照射在探测器上，当然也会引起温度变化而输出信号，但这样做，探测距离是不会远的。为了加长探测器探测距离，须附加光学系统来收集红外辐射，通常采用塑料镀金属的光学反射系统或塑料做的菲涅耳透镜作为红外辐射的聚焦系统。在探测区域内，人体透过衣饰的红外辐射能量被探测器的透镜接收，并聚焦于热释电探测器上。当人体（入侵者）在这一监视范围中运动时，顺次地进入某一视场，又走出这一视场，热释电传感器对运动的人体一会儿看到，一会儿看不到，于是人体的红外线辐射不断地改变热释电体的温度，使它输出一个又一个相应的信号，此信号就是报警信号。

6.3 安防报警及监控系统相关配置

任务：三号防区报警系统与摄像头联动

1. 接线

实训台报警主机只有 3、4 防区可用，如图 6 – 7 所示。

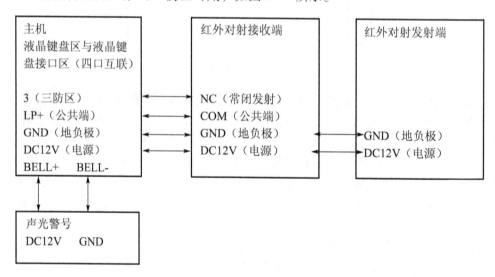

图 6 – 7 接线

2. 防区布防（BOCSH）

编程液晶键盘（C0031—C0038 代表主机可容纳的 8 个防区）

进入布防密码键入 9876#0 —— 选择防区键入 0033（三号防区）选择功能——此处选择 03#（连续报警，周界及时）—— 按 * 号 5 秒退出。

按密码 1234 进入按液晶屏右侧布防键进入布防状态。

测试红外对射报警器

3. 报警主机与 PC 管理软件连接

如图 6 - 8 所示。

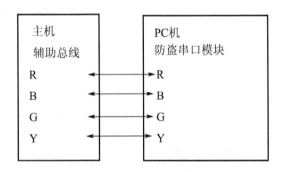

图 6 - 8　主机与软件连接

RBGY 代表四种基本色，通过控制四种基本色才能生成显示图像。

进入布防密码键入 9876#——键入 4019（启动总线输出事件）

键入 18#（1 为发送报警、故障复位）（8 为与管理软件相连）——键入 4020（进入波特率功能选择）

键入 25（2 代表 2400baud）（5 代表奇校验）

4. 软件 MTSW200 设置（软件调整完毕注意"发布新数据"）

登录账号密码均为 ADMIN，首先选择菜单栏"管理"按钮参数设置，选择"连接""中心设备"，按图 6 - 9 设置。

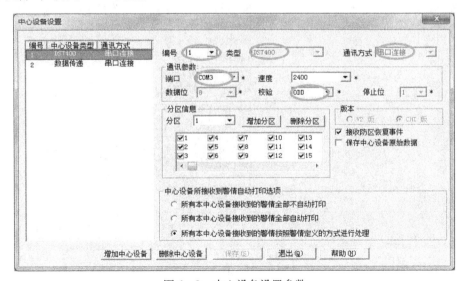

图 6 - 9　中心设备设置参数

　　新建用户 SDPT 进入用户 SDPT 编辑界面选择"终端设备信息"增加浏览选择设备地址 1.3（1 为 1 号中心设备，3 代表三防区）终端设备类型选择 Normal S（图 6 – 10）。

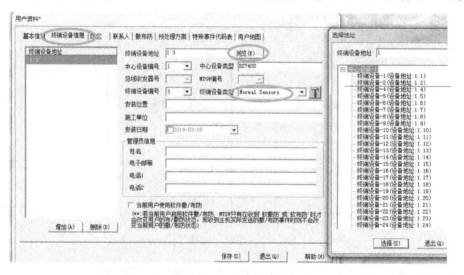

图 6 – 10　用户设置

　　防区用户设置：菜单栏选择"防区"选"增加"设置，如图 6 – 11 所示。

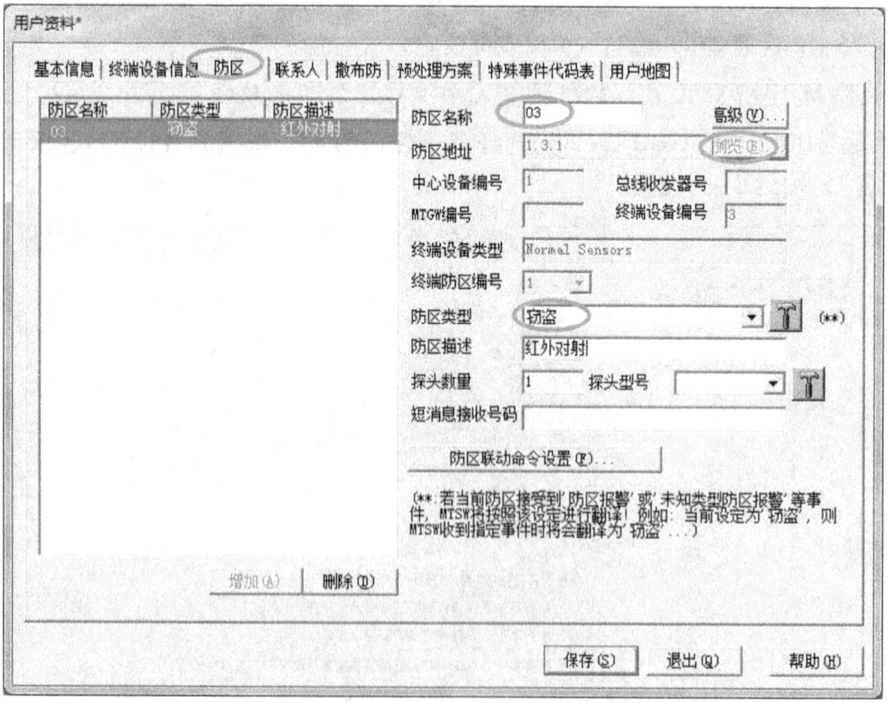

图 6 – 11　防区设置

软件连接 32 路机电器输出板（机电器输出板是将软件的数据转换为开关量供矩阵识别）：菜单栏选择"连接"设置，如图 6 - 12 所示。

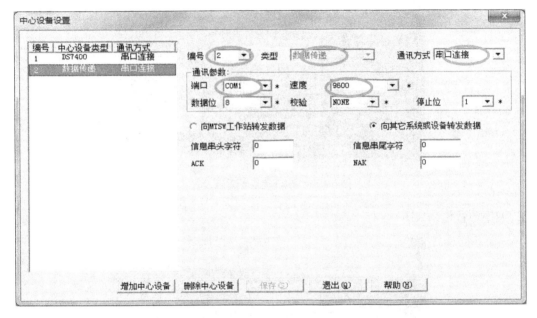

图 6 - 12 数据传递设置

防区联动关系设置（与 32 位机电器输出板联动）：#002#代表机电器输出板 2 号端口对应矩阵键盘 2 防区，设置如图 6 - 13 所示。

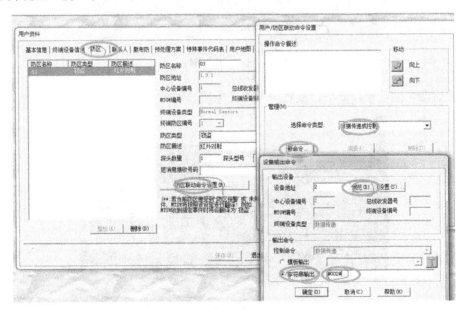

图 6 - 13 防区联动关系设置

矩阵键盘预置点设置，如图 6 – 14 所示。

图 6 – 14　矩阵键盘预置点设置

调用预置位，如图 6 – 15 所示。

图 6 – 15　调用预置位

矩阵键盘 1 防区布防如下：设置 2 号防区布防，如图 6 – 16 所示。

图 6 – 16　设置 2 号防区布防

联动设置：按矩阵键盘左上角"菜单"键看"监视屏"，如图6－17、图6－18所示。

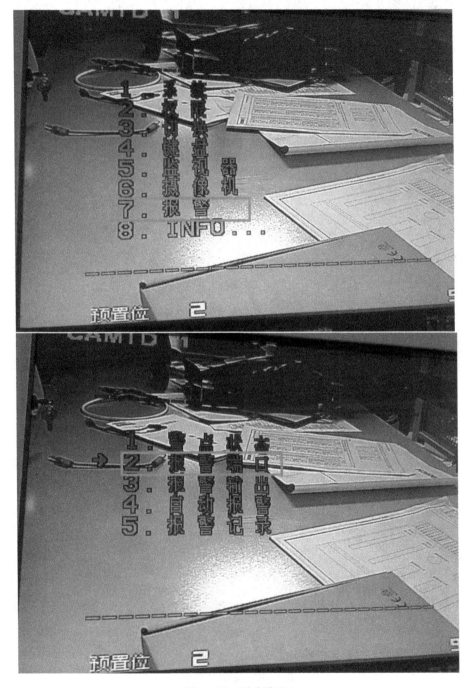

图6－17　联动设置1

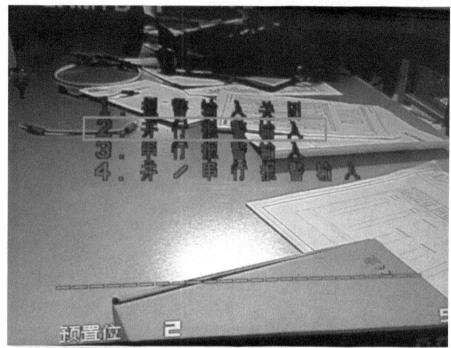

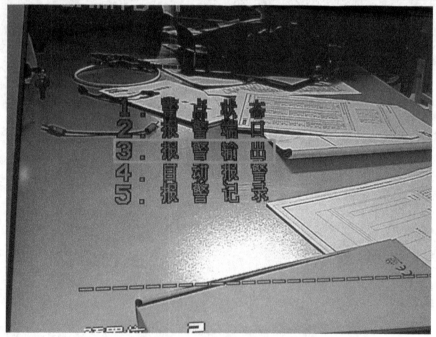

图 6-18　联动设置 2

警点 1 代表 1 防区，监视器代表第 1 号屏幕，图像代表摄像机号为 1，预置位 01（代表调用先前设定的预置位 1），如图 6 - 19 所示。

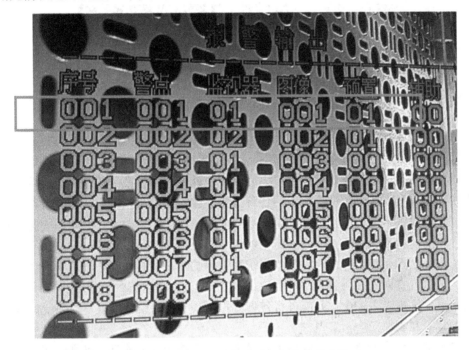

图 6 - 19 BOCSH 主机布防、矩阵键盘布防

测试：

※小贴士：

液晶键盘布防/撤防密码（1234），设置密码（9876#0）

安防报警管理软件用户名（ADMIN）密码（1234）

当液晶键盘上显示防区号 + No Ready

键入 9876#0——003X——00（设为无效防区）

　　　　　　　　　　　　01（延时报警）

　　　　　　　　　　　　03（周界即时报警）

　　　　　　　　　　　　22（24 小时持续防区）

当矩阵键盘报警无法取消时，在键盘上键入警点号——ALARM——OFF。

第七章　对讲门禁控制系统

7.1　系统概述

根据目前我国高等院校建筑电气、楼宇智能化系统的发展方向，在仿真智能建筑实训系统中采用海湾集团可视对讲系统的全套设备，系统集微电脑技术、视频监控、传输技术、数码通信技术、电话机技术于一身，并且在设计上充分考虑了建筑工地现场设备安装调试的实际情况及方便学生动手实验的各种因素，在结构上采用端子接线方式，既实现了在实验过程中对系统设备的有效保护，又可全面提高实验教学质量，是理想的建筑智能化实验教学产品。

系统功能：本系统集可视对讲门禁系统和常用的多种室内外安防设备于一体，通过统筹管理，可实现室内外（可视或非可视）对讲功能。移动示教台与实训台架均可安装工程线槽，更加体现工程理念，并能进行各种模拟门禁控制系统操作演示、系统的设置、线路设计等实验和实训。

门口主机可呼叫管理中心，管理中心提供遥控开锁功能，并且配备高性能摄像机，辅助识别；配备键盘夜视灯，可夜间自动照明键盘区域；系统设备模块式设计，分机故障不影响系统使用；带密码锁功能：私密化的门禁设计，每户设立一个独立的并可修改的开锁密码；刷卡功能，开启门锁的感应卡遗失时可撤销使用权和重新发布，并由中文软件记录所有出入记录，实时显示各门开启状态；可选择彩色视频系统。

住户门前机，即二次门口机，可用于二次确认来访者并与之通话。

所有分机可对管理中心呼叫，双向编解码，管理中心显示来电用户号码，可存储多条报警记录及相关信息；可多重确认：管理机呼叫，用户楼下多主机呼叫，门前机呼叫，小区围墙机呼叫；防误报警，所有分机可呼唤，可视分机有主动监视功能，管理中心可任意监视各门口场所影像；分机自带若干防区，防盗报警系统可接入各类防盗探测器，如煤气泄漏、火警、盗警、紧急按钮等，用户可直接在分机上撤布防，撤布防密码及出入口延时时间可修改，也可通过门口机刷卡撤防。

在实训室的入口设置指纹门禁考勤系统，通过现场监控中心使之能够实现对进出学生的管理，模块可以随时添加特定功能，满足实训室设计需要。

配备系统管理软件，实时记录报警、故障和运行等数据；可接驳电脑，实现信息交互；具有人事资料管理功能，卡片管理功能，记录管理功能和门禁管理功能等。

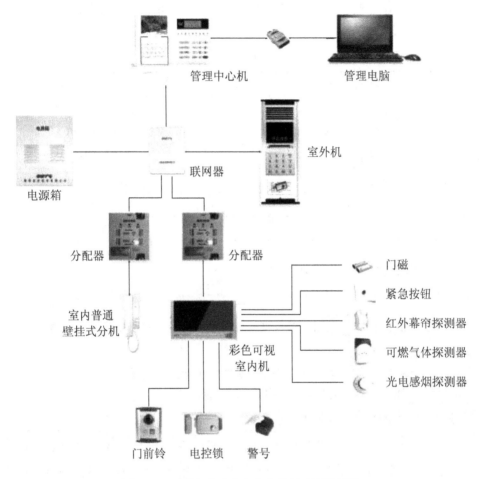

图 7-1 对讲门禁及室内安防控制系统原理图

7.2 对讲门禁系统相关配置

实验预备数据（默认联网器地址 001、层间分配器地址 01、室外主机 9501、室外主机读卡头 9201、可视室内机 0001、普通壁挂式 0002）

给室外主机上电，数码管有滚动显示的数字或字母，说明室外主机工作正常。系统正常使用前应对室外主机地址、室内分机地址进行设置，联网型的还要对联网器地址进行设置。按"设置"键，进入设置模式状态，设置模式分为 $\boxed{F\,1}$ ~ $\boxed{F\,14}$，每按一下"设置"键，设置项切换一次。即按一次"设置"键进入设置模式 $\boxed{F\,1}$，按两次"设置"键进入设置模式 $\boxed{F\,2}$，依此类推。室外主机处于设置状态（数码显示屏显示

$\boxed{F1}$ ～ $\boxed{F14}$ ）时，可按"取消"键或延时自动退出到正常工作状态。

F1 ～ F14 的设置见表 7 – 1 所示。

表 7 – 1　F1 ～ F14 的设置

F1	住户开门密码	F8	设置小区序列号
F2	设置室内分机地址	F9	读卡头配置设置
F3	设置室外主机地址	F10	注册与删除黑卡
F4	设置联网器地址	F11	视频及音频设置
F5	修改系统密码	F12	设置短信层间分配器地址范围
F6	修改公用密码	F13	程序版本
F7	设置锁控时间	F14	安全防范设置

F3 室外主机地址设置（初始地址 9501）

按"设置"键，直到数码显示屏显示 $\boxed{F3}$ ，按"确认"键，显示 $\boxed{\_\_\_\_}$ ，正确输入系统密码后显示 $\boxed{-\,-\,-\,\_}$ ，输入室外主机新地址（1 ~ 9），然后按"确认"键，即可设置新室外主机地址。

注意：一个单元只有一台室外主机时，室外主机地址设置为 1。如果同一个单元安装多个室外主机，则地址应按照 1 ~ 9 的顺序进行设置。

F2 通过室外主机对室内分机地址设置

按"设置"键，直到数码显示屏显示 $\boxed{F2}$ ，按"确认"键，显示 $\boxed{\_\_\_\_}$ ，正确输入系统密码后显示 $\boxed{S\_On}$ ，进入室内分机地址设置状态。此时室内分机摘机等待 3 秒与室外主机通话（或室外主机直接呼叫室内分机，室内分机摘机与室外主机通话），数码显示屏显示室内分机当前的地址。然后按"设置"键，显示 $\boxed{\_\_\_\_}$ ，按数字键输入室内分机地址，按"确认"键，显示 $\boxed{LISn}$ ，等待室内分机应答。15 秒内接到应答闪烁显示新的地址码，否则显示 $\boxed{nrSP}$ ，表示室内分机没有响应。2 秒后，数码显示屏显示 $\boxed{S\_On}$ ，可继续进行分机地址设置。

联网器楼号单元号设置

按"设置"键，直到数码显示屏显示 $\boxed{F4}$ ，按"确认"键，显示 $\boxed{\_\_\_\_}$ ，正确输入系统密码后先显示 $\boxed{Addr}$ ，再显示联网器当前地址（在未接联网器的情况下一直显示 $\boxed{Addr}$ ），然后按"设置"键，显示 $\boxed{-\_\_\_}$ ，输入三位楼号，按"确认"键，

显示 $\boxed{--\_\_}$，输入两位单元号，按"确认"键，显示 $\boxed{LIS\Pi}$，等待联网器应答。15 秒内接到应答则显示 $\boxed{SUCC}$，否则显示 $\boxed{\Pi\vdash SP}$，表示联网器没有响应。2 秒钟后返回至 $\boxed{\quad F4}$ 状态。

注：楼号单元号不应设置为：楼号'999'单元号'99'、楼号'998'单元号'99'和楼号'999'单元号'88'，这三个号为系统保留号码。

室内分机地址设置

按"设置"键，直到数码显示屏显示 $\boxed{\quad F2}$，按"确认"键，显示 $\boxed{\_\_\_\_}$，正确输入系统密码后显示 $\boxed{S\_\Pi\Pi}$，进入室内分机地址设置状态。此时室内分机摘机等待 3 秒与室外主机通话（或室外主机直接呼叫室内分机，室内分机摘机与室外主机通话），数码显示屏显示室内分机当前的地址。然后按"设置"键，显示 $\boxed{\_\_\_\_}$，按数字键输入室内分机地址，按"确认"键，显示 $\boxed{LISΠ}$，等待室内分机应答。15 秒内接到应答闪烁显示新的地址码，否则显示 $\boxed{\Pi\vdash SP}$，表示室内分机没有响应。2 秒后，数码显示屏显示 $\boxed{S\_\Pi\Pi}$，可继续进行分机地址设置。

F4 联网器楼号单元号设置

按"设置"键，直到数码显示屏显示 $\boxed{\quad F4}$，按"确认"键，显示 $\boxed{\_\_\_\_}$，正确输入系统密码后先显示 $\boxed{Addr}$，再显示联网器当前地址（在未接联网器的情况下一直显示 $\boxed{Addr}$），然后按"设置"键，显示 $\boxed{-\_\_\_}$，输入三位楼号，按"确认"键，显示 $\boxed{--\_\_}$，输入两位单元号，按"确认"键，显示 $\boxed{LISΠ}$，等待联网器应答。15 秒内接到应答则显示 $\boxed{SUCC}$，否则显示 $\boxed{\Pi\vdash SP}$，表示联网器没有响应。2 秒钟后返回至 $\boxed{\quad F4}$ 状态。

注：楼号单元号不应设置为：楼号'999'单元号'99'、楼号'998'单元号'99'和楼号'999'单元号'88'，这三个号为系统保留号码。

F12 短信层间分配器地址范围设置

按"设置"键，直到数码显示屏显示 $\boxed{F12}$，按"确认"键，显示 $\boxed{\_\_\_\_}$，正确输入系统密码后先显示 $\boxed{Addr}$，再显示层间分配器原首地址（在未接层间分配器的情况下一直显示 $\boxed{Addr}$），然后按"设置"键显示 $\boxed{HEAd}$，按任意键或 2 秒后显示 $\boxed{\_\_\_\_}$，输入首地址按"确认"键，然后显示层间分配器原尾地址，按"设置"键显示 $\boxed{rTAL}$，按任意键或 2 秒后显示 $\boxed{\_\_\_\_}$，输入尾地址按"确认"键，显示

$\boxed{L\,I\,5\,\Pi}$，等待层间分配器应答，15 秒内接到应答则显示 $\boxed{5\,U\,C\,C}$，否则显示 $\boxed{\Pi\vdash 5\,P}$，表示层间分配器没有响应。按"取消"键退出地址设置。如果输入的地址错误则显示 $\boxed{E\,\vdash\vdash.}$，然后返回 $\boxed{F\,l\,2}$。

如果查询层间分配器的当前地址，则直接进入 $\boxed{F\,l\,2}$，输入系统密码后显示层间分配器的当前首地址，按"确认"键，室外机会在显示首地址和显示尾地址之间切换，按"取消"键返回。

注意：层间分配器的首地址和尾地址不能单独设定，必须同时设定两个地址。

F1 住户开锁密码设置（密码开门功能设置为开启时有效）

按"设置"键，直到数码显示屏显示 $\boxed{\quad F\,l\quad}$，按"确认"键，显示 $\boxed{\_\_\_\_}$，输入门牌号，按"确认"键，显示 $\boxed{\_\_\_\_}$，等待输入系统密码或原始开锁密码（无原始开锁密码时只能输入系统密码），按"确认"键，正确输入系统密码或原始开锁密码后显示 $\boxed{P\,l}$，按任意键或 2 秒后显示 $\boxed{\_\_\_\_}$，输入新密码，按"确认"键，显示 $\boxed{P\,2}$，按任意键或 2 秒后显示 $\boxed{\_\_\_\_}$，再次输入新密码，按"确认"键，如果两次输入的密码相同，保存新密码，并且显示 $\boxed{5\,U\,C\,C}$，开锁密码设置成功，两秒后显示 $\boxed{\quad F\,l}$；若两次新密码输入不一致显示 $\boxed{E\,\vdash\vdash.}$，并返回至 $\boxed{\quad F\,l}$ 状态。若原始开锁密码输入不正确显示 $\boxed{E\,\vdash\vdash.}$，并返回至 $\boxed{\quad F\,l}$ 状态，可重新执行上述操作。

注意：

（1）门牌号由 4 位组成，用户可以输入 1 ~ 8999 之间的任意数。

（2）如果输入的门牌号大于 8999 或为 0，均被视为无效号码，显示 $\boxed{E\,\vdash\vdash.}$，并有声音提示，两秒钟后显示 $\boxed{\_\_\_\_}$，示意重新输入门牌号。

（3）开锁密码长度可以为 1 ~ 4 位。

（4）每个住户只能设置一个开锁密码。

（5）用户密码初始为无。

住户密码开门（密码开门功能设置为开启时有效）

输入"门牌号" + "密码"键 + "开锁密码" + "确认"键。

门打开时，数码显示屏显示 $\boxed{O\,P\,E\,\Pi}$ 并有声音提示。若开锁密码输入错误显示 $\boxed{\_\_\_\_}$，示意重新输入。如果密码连续三次输入不正确，自动呼叫管理中心，显示 $\boxed{C\,A\,L\,L}$。输入密码多于 4 位时，取前 4 位有效。按"取消"键可以清除新键入的数，如果在显示 $\boxed{\_\_\_\_}$ 的时候，再次按下"取消"键便会退出操作。

F6 公用开门密码修改

按"设置"键，直到数码显示屏显示 | $F6$ |，按"确认"键，显示 |＿＿＿＿|，正确输入系统密码后显示 | $F1$ |，按任意键或 2 秒后显示 |＿＿＿＿|，输入新的公用密码，按"确认"键，显示 | $F2$ |，按任意键或 2 秒后显示 |＿＿＿＿|，再次输入新密码，按"确认"键，如果两次输入的新密码相同，显示 | $SUCC$ |，表示公用密码已成功修改；若两次输入的新密码不同，显示 | Err |，表示密码修改失败，退出设置状态，返回至 | $F6$ |状态。

公用密码开门

按下"密码"键 + "公用密码" + "确认"键。系统默认的公用密码为"123456"。门打开时，数码显示屏显示 | $OPEN$ |并伴有声音提示。如果密码连续三次输入不正确，自动呼叫管理中心，显示 | $CALL$ |。

7.3 门禁系统管理软件的安装、设置及调试

7.3.1 功能简述

GST – DJ6003 可视对讲管理软件的主要功能是完成小区的报警、巡更、对讲和开门信息的实时监控和监控数据的保存和输出。

具体的功能有：

（1）实时监控最新报警信息及巡更、开门、对讲信息，记录信息的内容和发生时间。

（2）当前报警、巡更、对讲、开门信息的列表显示。

（3）当前报警处理功能及处理信息显示：新报警发生后值班人员能够对报警确认，系统记录确认状态、报警的说明信息及处理时间。

（4）报警信息声音提示及处理功能：新报警发生后系统能够发出声音，值班人员能够做消音处理，如果当前报警都已确认，报警声音自动消失。

（5）报警、巡更、对讲、开门信息存储：系统自动存储报警、巡更、对讲、开门信息及值班人员信息。

（6）历史报警、巡更、对讲、开门记录查询：支持以时间、类型、值班人员对信息查询和格式化输出。

（7）数据转存功能：管理人员可以将信息备份、清空信息。

（8）值班员设置：支持 3 级用户管理，包括用户的添加、删除和修改密码。

（9）通信设置：完成了对 CAN/RS232 通信模块的端口选择；发卡器的读卡类型和端

口的选择；GSM Modem 端口选择。

（10）住户管理：对人员的添加删除和修改，卡片的分配、挂失、注销等操作。

（11）门禁管理：可按门禁要求对读卡头的参数进行配置。

（12）梯控管理：可按梯控要求对电梯设备的参数进行配置。

7.3.2　系统登录

在软件系统运行后，您首先看到启动界面，然后显示系统登录界面，首次登录的用户名和密码均为系统默认值（用户名：1，密码：1），以系统管理员身份登录，如图 7 - 2 所示。

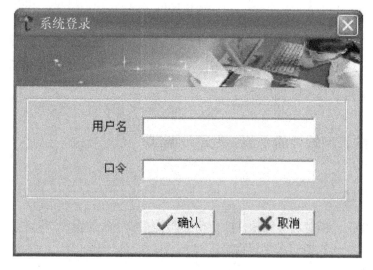

图 7 - 2　登录界面

用户登录成功后，进入系统主界面，如图 7 - 3 所示。

主界面分为菜单区、电子地图监控区、信息显示区和系统状态区。

（1）菜单区：点击各个按钮，可以进入对应的功能模块。

（2）电子地图监控区：当报警时，显示已经定义的报警区域平面图和报警位置。

（3）信息显示区：包括监控信息的类型列表和监控信息的内容。

监控信息的类型列表包括：报警信息、巡更信息、对讲信息、开门信息、消息列表、其他信息。

监控信息的内容包括：监控信息位置描述和信息产生时间以及信息的确认状态。

（4）系统状态区：如果有报警发生，则报警指示灯为红色闪烁；如果有故障发生，则故障指示灯为黄色闪烁；如果设置了隔离信息，则信息隔离指示灯为黄色闪烁。

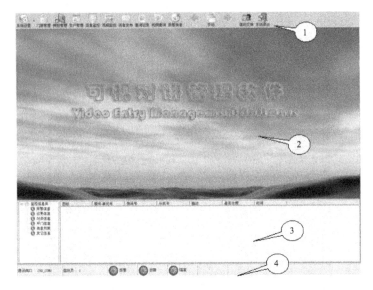

图 7 - 3   系统主界面

7.3.3   值班交接

用户登录系统后，登录的用户就是值班员。

用户登录有两种情况：

启动登录：启动该系统时，需要进行身份确认，验证用户名和密码才能登录系统。

值班员交接：系统运行后，如果要更换操作人员，则必须重新登录。在主界面点击菜单区"值班员交接"按钮，就可以更换操作人员，不必退出管理系统，避免造成数据丢失。登录的界面如图 7 - 4 所示。

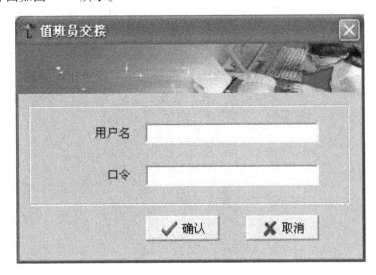

图 7 - 4   值班员交接

7.3.4 退出系统

在主界面点击菜单区"退出系统"按钮，即可退出可视对讲管理软件；退出时，需要进行身份确认，验证当前值班员的用户名和密码方可退出（图7-5）。

图7-5 系统退出

7.3.5 值班员管理

当第一次运行该系统时，按照默认系统管理员登录；登录后，在主界面点击"系统设置\值班员设置"菜单项，就可以进行值班员管理操作，包括添加值班员、删除值班员和更改值班员密码，以及查看值班员的级别。选择左边列表中值班员，则在窗口右边上显示该值班员的级别和名称。值班员管理的操作界面如图7-6所示。

添加值班员：点击"添加"按钮，输入值班员ID、姓名、密码和权限级别，确认保存即可；用户名长度最多为20个字符或10个汉字；ID和密码长度最多为10个字符，有效字符包括：0～9，a～z；权限分为3级，分别是系统管理员、一般管理员和一般操作员；系统管理员可以操作软件的全部功能；一般管理员可以操作除了通信设置外其他功能；一般操作员可以操作除了系统设置、住户管理、信息发布外的其他功能（图7-7）。

注意：系统登录时，需要输入的是值班员ID，不是姓名。

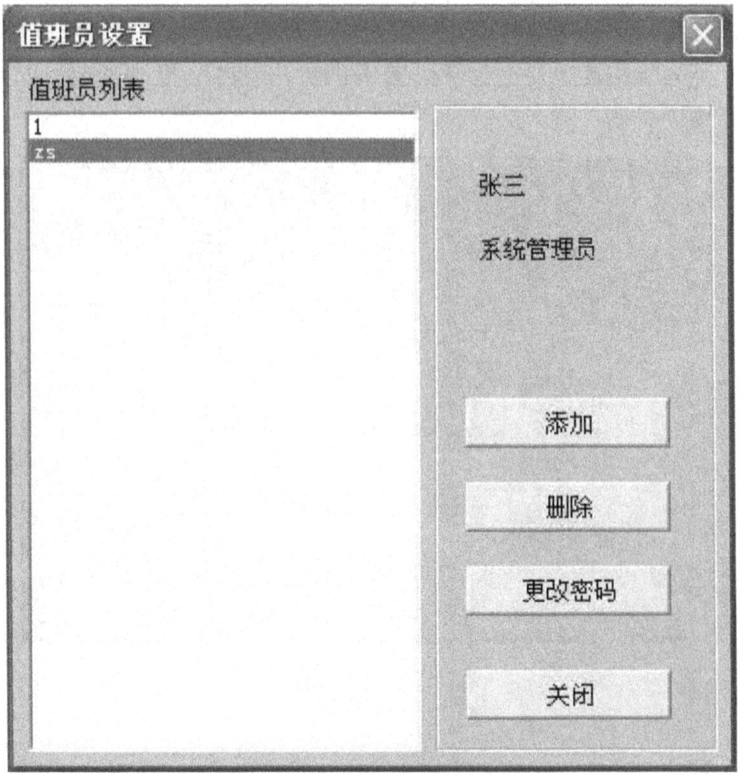

图 7 - 6　值班员设置

图 7 - 7　添加值班员

删除值班员：从列表中选择要删除的值班员，点击"删除"按钮确认即删除所选值班员，但不能删除当前登录的值班员。

更改密码：从列表中选中要更改密码的值班员，点击"更改密码"按钮；输入原密码及新密码，新密码要输入两次确认。

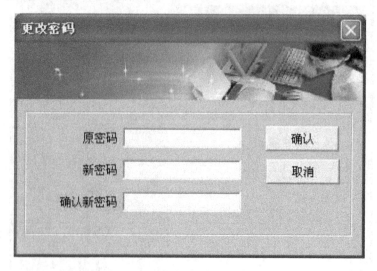

图7-8 更改密码

7.3.6 通信设置

要实现数据接收（报警、巡更、对讲、开门等信息的监控）和发送（卡片的下载等），就必须正确配置 CAN/RS232 通信模块和发卡器的端口。在主界面点击"系统设置\通信设置"菜单项，打开通信设置窗口，如图7-9所示。

通信设置的功能是完成 CAN 通信模块、发卡器和 GSM Modem 的端口配置。

CAN 通信模块配置：

选择计算机串口，对计算机串口的初始化。

发卡器串口配置：

设置发卡器的读卡类型、选择发卡器的端口。读卡类型有 ReadOnly 和 Mifare 1 类型，ReadOnly 代表只读感应式 ID 卡，Mifare 1 代表可擦写感应式 IC 卡。

GSM Modem 端口配置：

选择 GSM Modem 的端口。系统支持 1 台或多台 GSM Modem。

选择端口务必慎重：选择的端口必须正确连接有 GSM Modem，否则短信将无法发送。

建议设置完毕并测试成功后再投入运行。

特别注意：

图 7-9　通信设置

CAN 通信模块、发卡器和 GSM Modem 分别使用不同的串口，如果设置为同一个串口，将会出现串口占用冲突，则应重新选择正确的串口。

7.3.7　系统配置选项（调试人员设置项）

在主界面点击"系统设置\ 系统配置选项…"菜单项，打开系统配置选项对话窗口，如图 7-10 所示。

"通信方式"分为 RS232 和 IP。如果使用 CAN 总线连接，请选择"RS232"；如果使用 IP 联网器连接，请选择"IP"。本实验使用"RS232"。

选择"设置为图像捕捉模式"选项，在室外主机呼叫管理中心时，上位机可自动捕捉并截取监控视频的一幅图像。

选择"报警向手机发送短信"选项，当住户报警时，上位机可自动通过短信发射器向预先设置的手机发送短信。

选择"住户求助时自动弹出住户信息"选项，当住户向管理中心求助时，自动弹出预先设置好的住户信息。

选择"储存住户撤布防信息"选项，上位机自动存储住户撤布防信息，并可查询。

"报警接收间隔（秒）"，当有同一个报警连续发生时，系统软件经过设定时间才对该报警信息再次处理。

图 7 – 10　系统配置选项

"区域报警图切换间隔（秒）"，当有多个区域发生报警时，系统软件经过设定时间后自动切换报警区域监控图像（默认 30 秒）。

"小区识别码"，用于标识同一个小区的读卡控制器和 IC 卡，在安装系统软件时自动产生，如果重装软件，需要从已经注册的 IC 卡中读取更改回原来的识别码。

7.3.8　门禁管理

在可视对讲管理软件主界面，点击"门禁管理"按钮，进入门禁管理窗口。如图 7 – 11所示。

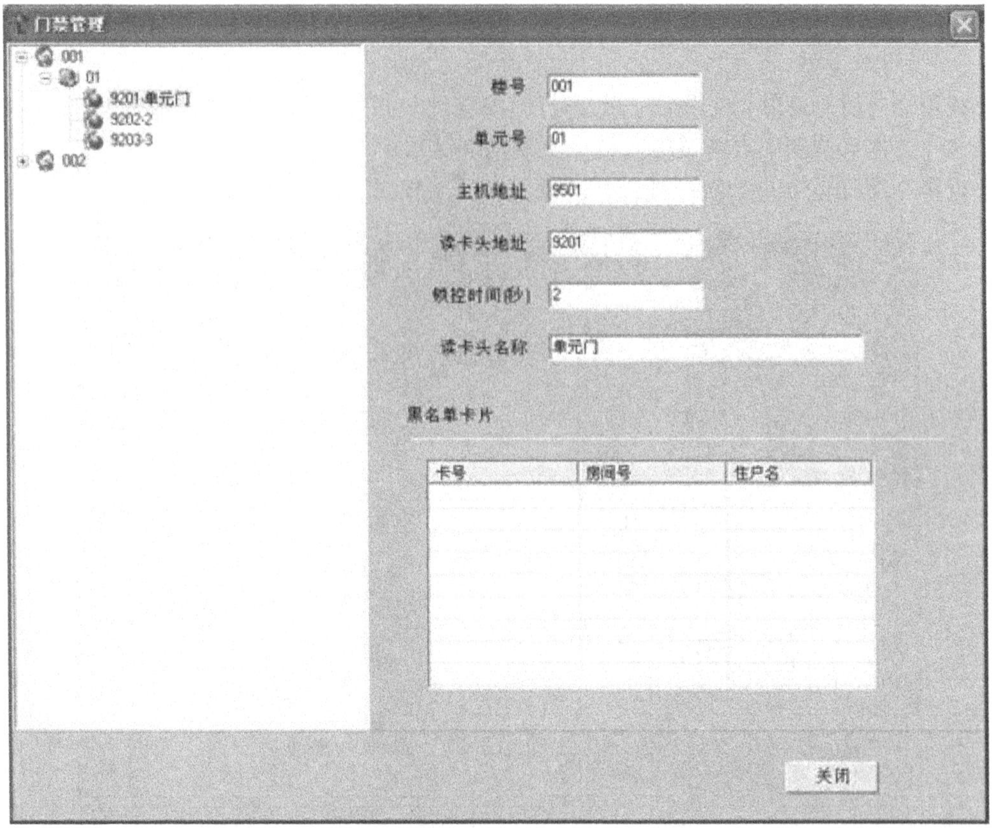

图 7－11　门禁管理

在左边树形视图中点击鼠标右键，可出现功能菜单。如图 7－12 所示。

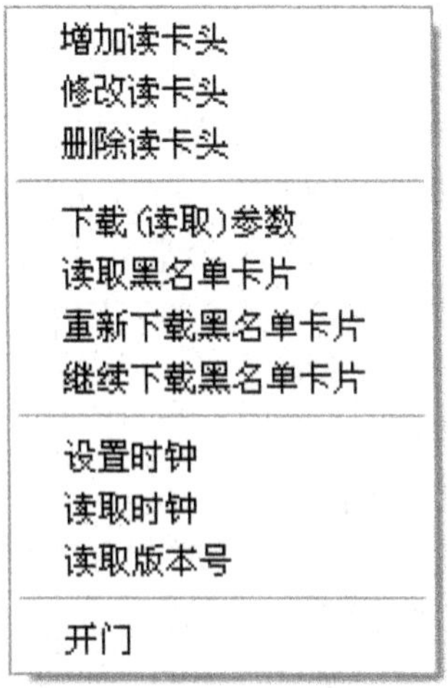

图 7－12　门禁管理功能菜单

1. 增加读卡头

在可视对讲管理软件主界面，点击"门禁管理"按钮，进入门禁管理窗口；

在左边树形视图中点击鼠标右键，出现功能菜单；

点击"增加读卡头"菜单项，打开增加读卡头窗口，如图7-13所示：

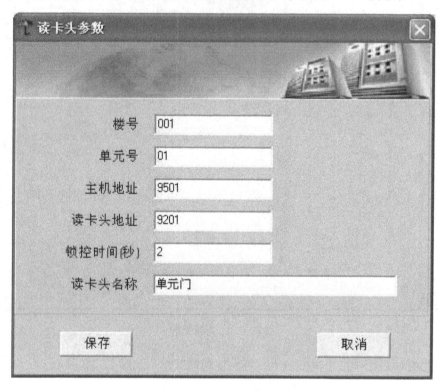

图7-13　读卡头参数

（1）输入读卡头的楼号和单元号，也就是与其相连的联网器地址，楼号3位数字，单元号2位数字，楼号从"001"到"998"，单元号从"01"到"99"；

（2）输入主机地址，也就是与其相连的室外主机地址，用4位数字表示，包括"9501"到"9509"，如果独立使用没有连接主机，则输入"0000"。

（3）输入读卡头地址，用4位数字表示，从"9201"到"9216"；

（4）输入锁控时间，单位是秒；

（5）填写读卡头的名称，以便于识别和管理；

（6）点击"保存"按钮，将在"门禁管理"窗口的左边树形视图中添加该读卡头；

（7）在增加读卡头之后，必须下载参数配置到该读卡头。

（8）在增加读卡头之后，在管理窗口右边的"黑名单卡片"列表中，将会列出系统已经挂失的管理员卡和巡更卡，如果有黑名单卡片，则必须下载到该读卡头。

2. 下载和读取参数

在可视对讲管理软件主界面，点击"门禁管理"按钮，进入门禁管理窗口。

在左边树形视图中点击选择一个读卡头节点，点击鼠标右键，出现功能菜单。

点击"下载（读取）参数"菜单项，打开下载和读取参数窗口，如图7-14所示。

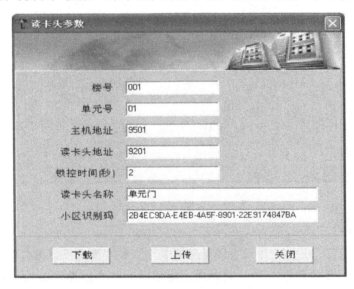

图7-14 下载和读卡头参数窗口

（1）点击"下载"按钮，可把窗口中显示的参数配置下载到该控制器；

（2）点击"上传"按钮，可从该控制器读取参数配置并显示在窗口上。

3. 修改读卡头

在可视对讲管理软件主界面，点击"门禁管理"按钮，进入门禁管理窗口。

在左边树形视图中选择读卡头节点，点击鼠标右键，出现功能菜单。

点击"修改读卡头"菜单项，打开修改读卡头窗口，如图7-15所示。

（1）填写要修改的内容；

（2）点击"保存"按钮；

（3）如果要修改"主机地址""锁控时间"，必须下载参数配置到该控制器。

4. 删除读卡头

在可视对讲管理软件主界面，点击"门禁管理"按钮，进入门禁管理窗口。

在左边树形视图中选择读卡头节点，点击鼠标右键，出现功能菜单。

点击"删除读卡头"菜单项，可删除当前读卡头。

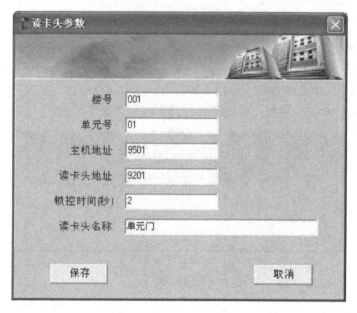

图 7 – 15　修改读卡头参数

5. 下载黑名单卡片

下载黑名单卡片，分为"重新下载黑名单卡片"和"继续下载黑名单卡片"。

点击"重新下载黑名单卡片"菜单项，将重新下载当前读卡头的全部黑名单卡片；如果在下载过程中出现下载失败，点击"继续下载黑名单卡片"菜单项，则会接着上次下载的数据继续下载，直到完成。

操作步骤：

（1）在可视对讲管理软件主界面，点击"门禁管理"按钮，进入门禁管理窗口；

（2）在左边树形视图中选择一个读卡头节点，点击鼠标右键，出现功能菜单；

（3）点击"重新下载黑名单卡片"或"继续下载黑名单卡片"菜单项，即可下载该读卡头的黑名单卡片。

注意：

（1）首次下载时，必须使用"重新下载黑名单卡片"选项，下载全部黑名单卡片；

（2）如果在下载过程中出现下载失败，则使用"继续下载黑名单卡片"选项，接着上次下载的数据继续下载，直到完成。

6. 读取黑名单卡片

在可视对讲管理软件主界面，点击"门禁管理"按钮，进入门禁管理窗口。

在左边树形视图中选择读卡头节点，点击鼠标右键，出现功能菜单。

点击"读取黑名单卡片"菜单项，打开读取黑名单卡片窗口，如图7 – 16所示。

（1）点击"读取"按钮，从读卡头中读取黑名单卡片，并在列表中显示；

（2）如果有黑名单卡片不存在于数据库中，点击"保存"按钮，则把它增加到数据库中。

图 7 - 16　读取黑名单卡片

7.3.9　住户管理

系统配置完成后，需要注册住户以及给人员分配卡片。

在可视对讲管理软件主界面，点击"住户管理"按钮，进入住户管理窗口，如图 7 - 17 所示。

从住户管理界面可以了解卡片的信息和住户的信息，卡片的信息包括卡号、卡内码、是否挂失、开门权限等：

"卡号"是卡片注册时的编号；

"卡内码"是卡片具有的内在固有的编码；

"状态"表示该卡片是否挂失。

门禁：

"读卡头列表"表示该卡片分配的开门权限，没有分配则为空；

"有效期限制"则为该卡片允许使用的有效日期；

"刷卡次数限制"则为该卡片允许刷卡开门的次数；

"时间段"则为该卡片允许刷卡开门的时间段。

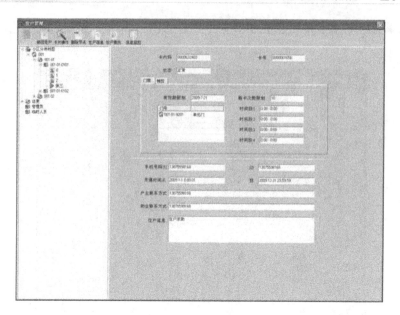

图 7 – 17　住户管理

7.3.9.1　添加住户

在可视对讲管理软件主界面，点击"住户管理"按钮，进入住户管理窗口。按以下顺序添加住户：

1. 添加楼号

在左边树形视图中选择第一个节点，点击鼠标右键，出现功能菜单。

点击"添加节点"菜单项，弹出增加楼号窗口，如图 7 – 18 所示。

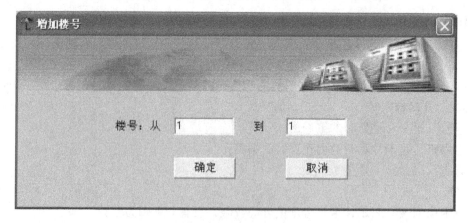

图 7 – 18　增加楼号

填入起止编号，点击"确定"按钮，添加所需要的楼号。例如：输入从 1 到 1，则只增加 1 个楼号为 001；输入从 2 到 2，则只增加 1 个楼号为 002；输入从 3 到 5，则增加 3 个楼号为 003、004、005。

2. 添加单元号

在左边树形视图中选择楼号节点，点击鼠标右键，出现功能菜单。

点击"添加节点"菜单项，弹出增加单元号窗口，如图 7 - 19 所示。

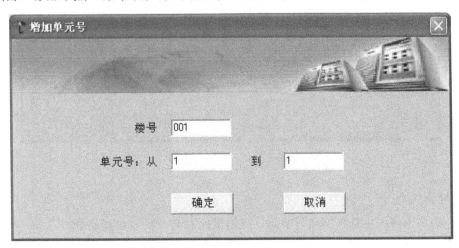

图 7 - 19　增加单元号

填入起止编号，点击"确定"按钮，添加所需要的单元号。例如：选择的楼号是 '001'，输入从 1 到 1，则只增加 1 个单元号为 01；输入从 2 到 2，则只增加 1 个单元号为 02；输入从 3 到 5，则增加 3 个单元号为 03、04、05。

3. 添加房间号

在左边树形视图中选择单元号节点，点击鼠标右键，出现功能菜单。

点击"添加节点"菜单项，弹出增加房间号窗口，如图 7 - 20 所示。

填入起止编号，点击"确定"按钮，添加所需要的房间号。房间号按楼层编排，前两位表示楼层号，后两位表示房间序号。例如：选择的单元号是"001 - 01"，输入楼层从 1 到 1，每层房间号从 1 到 1，则只增加第 1 层的 1 个房间号为 0101；输入楼层从 2 到 2，每层房间号从 1 到 2，则只增加第 2 层的 2 个房间号为 0201 和 0202；输入楼层从 3 到 5，每层房间号从 3 到 4，则增加第 3、4、5 层共 6 个房间号为 0303、0304、0403、0404、0503、0504。

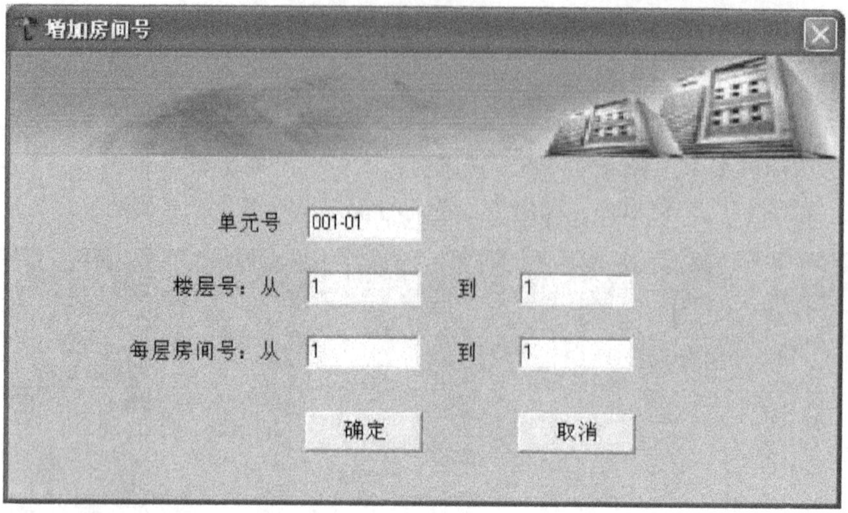

图 7 – 20　增加房间号

4. 增加住户

在左边树形视图中选择房间号节点，点击鼠标右键，出现功能菜单。
点击"添加节点"菜单项，弹出增加住户窗口，如图 7 – 21 所示。

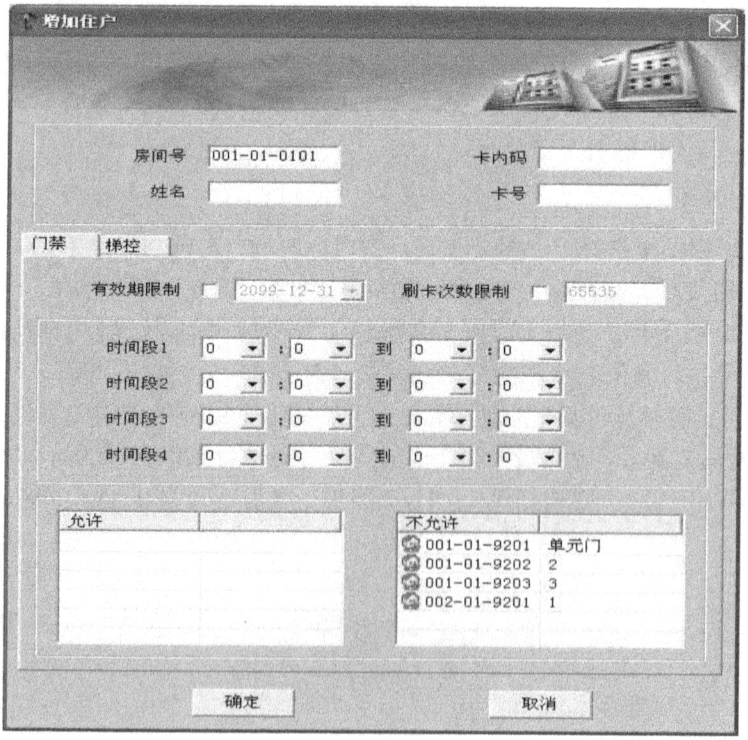

图 7 – 21　增加住户

填写住户的姓名。

清空卡内码输入框，把 IC 卡放入发卡器，系统自动读取卡内码。

填写卡号（可以不填）。

门禁权限设置：

分配开门权限，用鼠标从右侧列表选择一个门，并拖放到左侧列表。

取消开门权限，用鼠标从左侧列表选择一个门，并拖放到右侧列表。

有效期限制：不能小于当天；最大 2099 – 12 – 31，表示无限制，可以无限期使用。

刷卡次数限制：0 表示无权限，不能刷卡开门；65535 表示无限制，可以无限次刷卡。

时间段：表示可以刷卡开门的时间段，一天 0：00 ～ 24：00，最多 4 个时间段。

如果普通住户，则必须分配开门权限，最多允许开 4 个门。

如果是管理员和巡更员，则不用分配开门权限，可以开全部的门。

注意：

（1）卡内码、卡号不允许有重复，也就是说不允许重复注册同一张卡；

（2）在同一个房间号的人员名称不允许有重复，也就是说不允许重复注册同一个人。

7.3.9.2　修改住户

在可视对讲管理软件主界面，点击"住户管理"按钮，进入住户管理窗口。

在左边树形视图中选择住户节点，点击鼠标右键，出现功能菜单。

点击"修改住户"菜单项，进入修改住户窗口，如图 7 – 22 所示。

图 7 – 22　修改住户

可以修改住户的姓名、开门权限、有效期和刷卡次数。

如果住户的卡片已经注销，还可以分配一张新的卡片。

门禁权限设置：

分配开门权限，用鼠标从右侧列表选择一个门，并拖放到左侧列表。

取消开门权限，用鼠标从左侧列表选择一个门，并拖放到右侧列表。

有效期限制：不能小于当天；最大 2099 - 12 - 31，表示无限制，可以无限期使用。

刷卡次数限制：0 表示无权限，不能刷卡开门；65535 表示无限制，可以无限次刷卡。

时间段：表示可以刷卡开门的时间段，一天 0：00 - 24：00，最多 4 个时间段。

如果普通住户，则必须分配开门权限，最多允许开 4 个门。

如果是管理员和巡更员，则不用分配开门权限，可以开全部的门。

7.3.9.3　卡片操作

在可视对讲管理软件主界面，点击"住户管理"按钮，进入住户管理窗口。

在左边树形视图中选择住户节点，点击鼠标右键，出现功能菜单。

点击"卡片操作"菜单项，进入卡片操作窗口，如图 7 - 23 所示。

图 7 - 23　卡片操作

卡片操作包括：挂失卡片、撤销挂失、撤销分配、重写卡片等。

挂失卡片：如果住户遗失了卡片，挂失卡片，此卡就失去开门权限。

撤销挂失：如果住户找回了卡片，撤销挂失，此卡就恢复开门权限。

撤销分配：如果住户不再使用该卡片，撤销分配，此卡就不再属于该住户，以后可以重新注册分配给其他住户使用。

重写卡片：如果在设置开门权限、有效期和刷卡次数时，数据不能成功写入卡片，可以重新写卡，将权限信息写入 IC 卡。

写传递卡："传递卡"是在没有联网的情况下，用来传递卡号到读卡头上。把传递卡放入发卡器，点击"写传递卡"按钮，把卡号写入传递卡，在读卡头上刷传递卡，可以登记或删除黑卡，完成挂失卡片或撤销挂失。具体操作方法请参考读卡头的使用说明书。

如果住户卡永远丢失无法找回，必须先挂失卡片，使得该卡成为黑名单卡片，然后撤销分配，表示住户不再使用该卡片，再到"修改住户"窗口，给住户分配另外一张卡片。

7.3.9.4　删除住户

在可视对讲管理软件主界面，点击"住户管理"按钮，进入住户管理窗口。

在左边树形视图中选择住户节点，点击鼠标右键，出现功能菜单。

点击"删除节点"菜单项，执行删除住户。

删除住户有 4 种方式，删除单个住户、删除一个房间内的全部住户、删除一个单元内的全部房间和住户、删除一栋楼内的全部单元、房间和住户。

注意：

删除住户只是删除选中节点的配置信息，不会删除已经挂失的黑名单卡片，并且黑名单卡片将永远不能再使用；如果要删除住户，应该先确认卡片是否挂失，再执行删除。

7.3.9.5　住户信息

在可视对讲管理软件主界面，点击"住户管理"按钮，进入住户管理窗口。

在左边树形视图中选择房间号节点，点击鼠标右键，出现功能菜单。

点击"住户信息"菜单项，打开住户信息窗口，如图 7 – 24 所示。

如果需要在室内分机报警时发送手机短信给住户，请填写要发送到的手机号码，并选择该功能开通的时间及联系方式。如果不需要此功能，请不要填写。

窗口底部的住户信息是住户向管理中心求助时，显示给值班员的信息，一般为住户的详细信息。如果不需要此功能，请不要填写。

7.3.9.6　报警信息

报警信息主要包括有：防拆报警、胁迫报警、门磁报警，红外报警，燃气报警，烟感报警及求助报警等。

报警发生时在监控信息栏显示报警的分机号、报警描述、是否处理及报警时间，同时发出报警声；如果该报警仍未处理，同一个报警再次发生时，则显示同一条报警信息。报警处理后，需要点击勾选报警信息前的方框进行确认，报警声自动关闭。报警描述的内容

图7-24　住户信息

有楼号、单元号、房间号、室外机或室内机，以及报警类型，样式如下：

防拆报警：009-03-01-防拆报警；表示9号楼3单元01室外机被拆卸发出的报警。

胁迫报警：009-03-01-胁迫报警；表示9号楼3单元01室外机发出的住户被胁迫。

门磁报警：009-03-0101-门磁报警；表示9号楼3单元101室门磁感应器发出的报警。

红外报警：009-03-0101-红外报警；表示9号楼3单元101室红外探测器发出的报警。

燃气报警：009-03-0101-燃气报警；表示9号楼3单元101室燃气传感器发出的报警。

烟感报警：009-03-0101-烟感报警；表示9号楼3单元101室烟雾传感器发出的报警。

求助报警：009-03-0101-求助报警；表示9号楼3单元101室按求助按钮发出的报警。

报警消音：点击快捷栏上的"报警消音"按钮将关闭报警的声音。

清除记录：当信息栏上的记录越来越多时，单击鼠标右键选择"清除记录"即可把该栏下的信息清除。

7.3.9.7　对讲信息

对讲信息是当发生对讲业务时显示的信息，包括：发起方、响应方、对讲类型、发生时间；发起方和响应方的内容包括室外机、室内机、管理机、小区门口机。格式样式如下：

室外机：003 - 01 - 室外机（01）

室内机：003 - 01 - 0103（室内机）

管理机：管理中心机（08）

小区门口机：01 号小区门口机（01）

对讲类型包括：对讲呼叫、对讲等待、对讲通话、对讲挂机。

7.3.9.8　开门信息

开门信息是开门时显示的信息；包括：房间号、分机号、开门类型、开门时间。

房间号是指被开门的设备：小区门口机、室外机；

分机号是指被开门的设备的分机号；

开门类型是指开门的方式：用户卡开门、巡更开门、管理中心开门、分机开门、用户密码开门、公用密码开门、胁迫密码开门。

7.3.9.9　**数据备份与恢复**

在可视对讲管理软件主界面，点击"系统设置 \ 数据备份与恢复"菜单项，打开数据备份与恢复窗口，如图 7 - 25 所示。

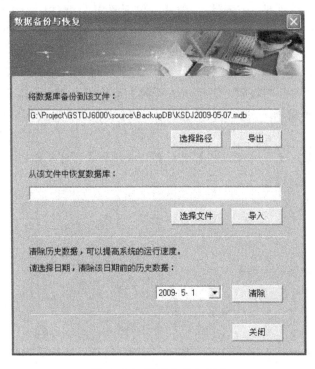

图 7 - 25　数据备份与恢复

数据备份是把系统的数据库输出备份到 Access 格式，以便当前使用的数据库出现问题或被破坏后进行恢复。

系统数据恢复是对数据安全性考虑，如果系统在使用的过程中出现问题，重新安装系统时需要恢复系统原来的数据，可以从已经备份的数据中导入数据。数据恢复成功后，建议重新启动管理软件。

清除历史数据，可以提高系统的运行速度。建议定期清除，只保留最近的数据。建议先备份数据，再清除。

只有拥有系统管理员级别权限的操作人员才能进入该功能模块。

7.3.9.10　制作读卡头母卡

在系统安装调试阶段，工程人员需要制作读卡头母卡，用于设置读卡头的地址。

把 IC 卡放入发卡器，在可视对讲管理软件主界面，点击"系统设置 \ 制作读卡头母卡"菜单项，即可制作完成。

只有系统管理员才能制作母卡。

※小贴士

打开门禁管理系统软件的用户名是（1）密码（1）；

门禁管理系统软件——查看"开门信息"，如有信息则表明软件与硬件连接成功；

门口机设置的主机地址、读卡头、楼号、单元号需与软件中设置的主机地址、读卡头、楼号、单元号匹配，制作的门卡方可开门；

如果出现串口错误提示，需查看电脑设备管理器——插拔读卡器一次，以确定具体使用的串口编号；

如果门卡多次更改开门权限，需用母卡授权方可使用，授权方法为用母卡刷一下读卡头，听到"嘀"一声后刷一下门卡，然后再刷一次母卡出现连续两声"嘀"后再刷一次门卡，授权完成。

如果读卡器出现问题，可以尝试重新安装读卡器驱动程序。

第八章　智能家居系统

8.1　系统概述

为了适应智能化小区建设的大环境，一些经济比较发达的国家先后提出了"智能住宅"（smart home）的概念。其实现目标是"将家庭中的各种与信息相关的设备、家庭安保装置、家用电器通过家庭总线技术（home-Bus）连到一个家庭智能化系统上进行集中监视和控制，实现家庭事务管理、小区信息共享，并保持家庭设施和住宅环境的和谐与协调"。

随着家庭智能化在我国的逐步兴起，全国各本专科院校也掀起了智能家居学科的建设浪潮，典型的学科建设模式是在原有的建筑设计专业融入现代化的智能家居元素，并细分出家庭智能化系统专业这一分支。各高校建筑专业的不断扩大和细分，使得各高校对智能家居控制系统实验装置有了较大的需求。本套智能家居实验系统的推出，正是为了配合各本专科院校家庭智能化系统分支开展教学实验活动。

本套实验教学装置均采用实际施工现场的模块化部件，直观、全面地向实验者展示了智能家居中的住宅布/撤防报警系统、联动控制、场景控制、无线遥控、菜单控制等功能。

8.2　系统主要部件功能描述

智能家居控制系统中的多媒体系统接入部件和安防探测部件均为通用部件，在此不作说明，本章节主要对 ApBus 系列的控制主机、键盘和功能模块的技术参数、接线、操作作说明。

8.2.1　系统控制主板（CB301）

系统控制主板技术参数如下：

报警输入：8 路 S1—S8，EOL（平衡电阻 4.7kΩ），线路电阻 <30Ω；

状态指示：15 个（探头/防区指示灯 LED1—LED8、ApBus、ApNet、Setup、Security、LOW、Power、TEL）；

报警输出：2 路（继电器，3A，120VAC/3A，24VDC）；正常开；

防拆输入：1 路（SW3）；正常闭；

ApBus 接口：2 路（ApBus（BK）：有备用电，ApBus：没有备用电）；

直流输出：2 路（12V（BK）：有备用电，12V 没有备用电）；

ApNet 接口：1 个（ApNet）；

键盘接口：4 个（Panel1，Panel2，Panel3，Panel4）；

电话接口：1 路进（Line In），1 路接电话（Telephone）；

扩展板口：2 个；（EXTEND PORT1／PORT2）。

工作电压范围：直流 9.5 ～ 15 V（13V 最佳）；

正常工作电流：≤200 mA（中心）。

主板端口说明如图 8 - 1 所示。

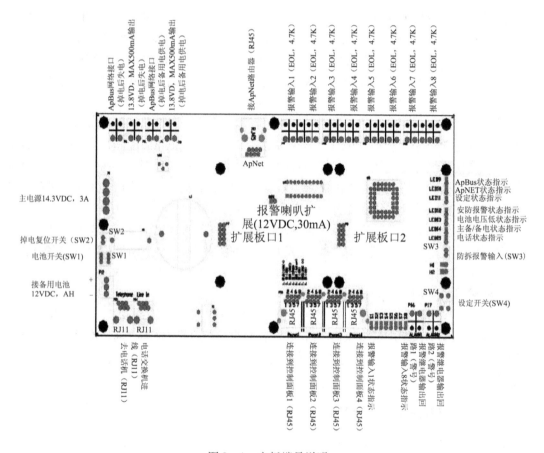

图 8 - 1　主板端号说明

下面针对实际应用情况，对 CB301 的安防部分和 ApBus 总线的接线作说明。

安防回路的报警输入是通过检测探测器报警输入回路的负载发生变化，回路的电阻平衡被破坏了，系统便会报警，设计标准负载电阻为 4.7kΩ。

安防回路如图 8 - 2 所示。

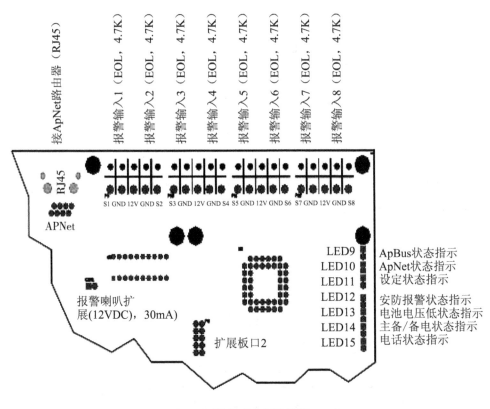

图 8 - 2 安防回路

按照平衡电阻的接入方式,报警接入方式有两种:

(1)当探测器为常开型干触点输出时,并联连接方法如图 8 - 3 所示。

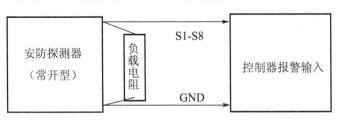

图 8 - 3 并联连接

注:平衡电阻一定要并接在探测器的报警输出端子上。

(2)当探测器为常闭型干触点输出时,串联连接方法如图 8 - 4 所示。

图 8 - 4　串联连接

注：平衡电阻可以串接在探测器或控制器的报警端子上。

为了保证系统的稳定运行，必须保证没有接报警探测器的报警端子连接平衡电阻。

ApBus 总线接口部分如图 8 - 5 所示。

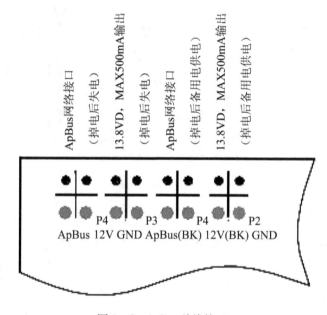

图 8 - 5　ApBus 总线接口

将 ApBus 总线固定在两芯接线端子上插入主板左下方标有（ApBus）的总线接线端口。

电话线接入只需将电话插头插入主板右下方如图 8 - 6 所示的（Line In）端口即可；

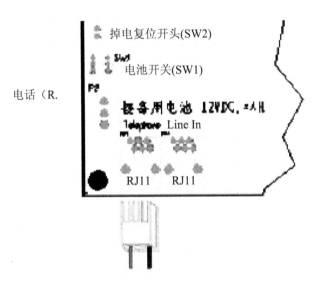

掉电复位开头(SW2)

电池开关(SW1)

电话（R.

后备用电池 12VDC, 2A H

Telephone Line In

RJ11　　RJ11

图 8 − 6　插入电话插头

另外一端 RJ11 口接至面板电话接口。

8.2.2　系统控制键盘（CP301）

CP301 内部集成了家庭安全控制和报警、电话接口、小区专用网络（ApNet）接口、操作键盘及语音模块等。

技术参数：

灯光电器遥控；

在家/离家设定；

监视范围：8 防区；

预设报警电话号码：6 组（24 位/组）；

预设报警寻呼号码：6 组（24 位/组）；

内置麦克风（用于对讲、留言及监听）；

易用紧急按钮：3（警讯/火灾/求救）；

警报信号：语音；

工作电压：DC12V。

通过系统控制键盘 CP301 可以实现安防管理、信息资讯、家电控制、定时控制和设置系统参数。

8.2.3　灯光控制模块（DM203）

DM203 是与 ApBus 总线兼容使用的五键调光模块，可以接两组灯具，一组可以调光，另外一组为不可调光，用户可给每组灯赋予一个恰当的名称。其上面有五个可编程的轻触式按钮，即指用户可定义每一个按钮的操作功能。它能与 ApBus 兼容产品构成双联、三联等多联控制功能。（在出厂时，DM203 预设上边二个按钮控制其调光回路，下边的二个按钮控制其开关回路，旁边一个按钮可用于将二个回路同时关闭。）DM203 出厂预设按钮功能图如图 8 – 7 所示。

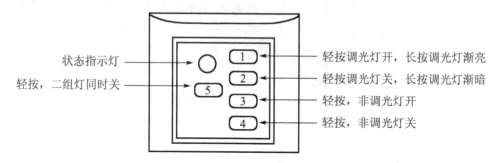

图 8 – 7　出厂预设按钮功能

灯光控制模块接线分为负载接线和 ApBus 总线接线两部分，按图 8 – 8 接线图所示接线：

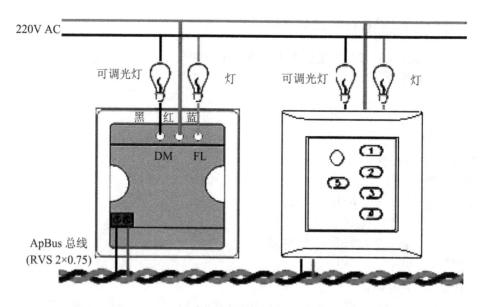

图 8 – 8　接线图

通过对灯光控制模块 DM203 进行设定，可完成被控灯的开启/关闭、调亮/调暗、定时开/定时关、渐亮/渐暗、定时渐亮/定时渐暗、本地控制、无线遥控器控制、多联控制。
DM203 的技术参数如下：
额定功率输出（开关）：300W（1 路）；

额定功率输出（调光）：300W（1 路）；

电子调光级数：256 级；

输入电压：220V/50Hz；

ApBus 接口：12VDC/24VDC/40mA；

尺寸：86mm×86mm×52mm。

8.2.4 电源插座模块（PW115）

　　PW115 是 ApBus 总线兼容使用的智能二孔/三孔插座模块。它本身具有普通的插座功能，通过编程赋予它一个名称后，可通过键盘、无线遥控器操作来控制它的开和关。电源插座模块的面板上的手动开关按钮具有本地手动控制功能。模块可用于电饭锅、热水器、空调等开关电源控制。电源插座模块说明如图 8-9 所示。

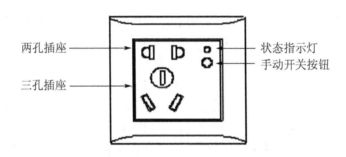

图 8-9　电源插座模块

电源插座模块按图 8-10 接线图接线。

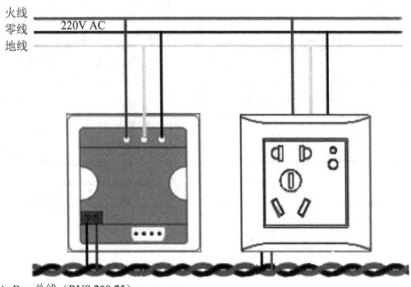

图 8-10　电源插座模块接线图

通过对电源插座模块 PW115 进行设定，可完成被控负载的接通/断开、锁定/解锁（本地开关）、多联控制、本地控制、无线遥控等功能。

PW115 的技术参数如下：

额定输出电流：10A；

额定工作电压：220V/50Hz；

电流通断能力：10A（阻性负载）；

ApBus 接口：12VDC/24VDC/20mA；

外观：二孔/三孔插座（2 路）；

尺寸：86mm×86mm×52mm。

8.2.5 空调控制模块（IR102）

ApBus 总线红外遥控模块 IR102，可以通过红外学习器，接受大部分空调、影音设备红外控制指令，它有别于一般遥控器的地方，它可以配合 ApBus 智能家居控制系统，实现对红外遥控家用电器的远程控制，而且易于安装。

IR102 模块背面有 ApBus 输入接口、空调状态输入接口（两个两位接线端子）和一个空调状态输入选择接口的两位单排插座，其中空调状态输入接口接空调状态反馈信号（无极性开关信号）。空调状态输入选择接口（无极性开关信号）是空调状态反馈信号的控制开关，空调状态输入选择接口短路时，空调状态反馈信号对本机有效；空调状态输入选择接口断路时，空调状态反馈信号对本机无效。

总线红外遥控模块 IR102 示意图如图 8-11 所示。

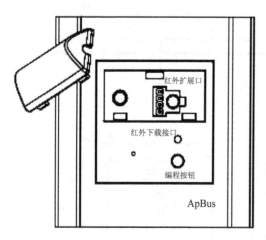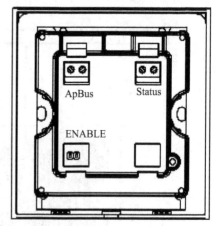

图 8-11 总线红外遥控模块

IR102 技术参数如下：

ApBus 输入电压：12V；

第一路开关状态反馈允许：1 个；

静态工作电流：55mA；

工作环境温度：-10 ～ 70℃；

存储环境温度：-20 ～ 80℃；

最大遥控距离：大于 8 米；

红外线波长：950nm；

红外线入射角度：30°

红外控制回路：3 路（IR102：仅 1 路）。

8.2.6 窗帘控制模块（CT101）

CT101 是 ApBus 总线兼容使用的窗帘控制模块。它本身具有控制电动窗帘的打开与闭合的功能，而且通过手动按键可随意调节窗帘的闭合尺度；通过系统编程后，还可通过与 ApBus 兼容的遥控器发送指令对窗帘进行无线遥控。

模块接线图如图 8－12 所示：

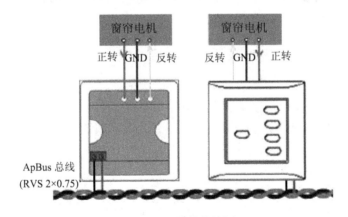

图 8－12　模块接线图

模块技术参数：

额定电压：220VAC；

总额定输出功率：600 W；

ApBus 接口：12VDC/24VDC/40mA；

尺寸：86mm × 86mm × 52mm；

安装：面板安装。

8.2.7　电脑接口模块（NC232）

NC232 是 ApBus 总线及计算机串口通信的连接器。通过它，ApBus 总线可与计算机作双向的通信。ApBus. com 网站上提供各种计算机应用软件。其中 ASPI2003 系统编程软件，可以通过 NC232 对系统上的模块作参数设定、操作编程，更改各种家电控制模式及安防配置。

电脑接口模块 NC232 接线如图 8 – 13 所示。

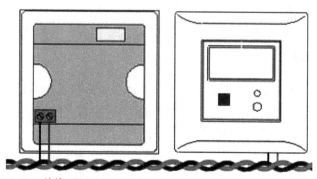

ApBus 总线（RVS 2×0.75）

图 8 – 13　电脑接口模块 NC232 接线图

功能说明：

（1）接驳电脑作 ApBus 系统编程及家居控制使用。

（2）通过软件把电脑传输过来的信号发送到 ApBus 系统上，同时也把 ApBus 传输过来的信号发送到电脑上。

（3）LED 状态指示说明：

绿色灯亮：正常工作。

闪绿色灯：发送数据包到 ApBus 或者接收 ApBus 数据包成功。

闪红色灯：表示发送数据包或者接收数据包受到冲撞或者失败。

技术参数：

ApBus 接口：12VDC/24VDC/32mA；

工作环境温度：– 10 ～ 70℃；

存储环境温度：– 20 ～ 80℃；

ApBus 通信速率：10K bit/s；

PC 串口设定：9600 Baud Rate，8 bit；

尺寸：86mm ×86mm ×32mm；

安装：面板安装。

8.2.8　无线接收模块（RC101）

RC101 是与 ApBus 总线兼容使用的无线控制接收模块，它使用了超外差接收方式及 SAW 谐振电路，具有抗干扰强及稳定良好特性。设定记录 ApBus 专用或兼容的遥控器的地址码后，则 ApBus 专用或兼容的遥控器可通过 RC101 来对接入到 ApBus 系统，进行设备或灯光控制。它具有四路 ID 转换功能，每路接收 8 个无线遥控器，最多可以接收到 32 个 ApBus 专用或兼容的遥控器的控制。

无线接收模块 RC101 接线如图 8 – 14 所示。

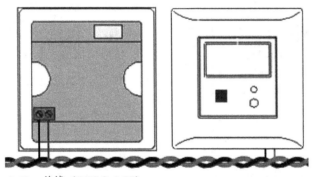

ApBus 总线（RVS 2×0.75）

图 8 – 14　无线接收模块接线图

技术参数：

面板按键：1 个；

ApBus 接口：12VDC／25mA 或 24VDC／25mA；

接收频率：315MHz 或 433.92MHz；

接收灵敏：–95 毫瓦分贝；

接收方式：超外差接收方式；

编码制式：24 Bit Address + 16 Bit Code；

尺寸：86mm×86mm×32mm；

安装：入墙式安装。

8.2.9　简易遥控器（RC112）

ApBus 简易遥控器可用于控制家中大部分或所有影音器材，按键具有夜视功能，它有别于一般遥控器的地方，在于它还可以遥控家中的灯光及电器，无需接线。

8.2.10　彩色门口机（AP800）

彩色门口机 AP800 不属于 ApBus 总线上的设备，它直接和系统显示设备控制键盘

CP301 相连，双向语音通道，CCD 摄像头具有夜晚红外补偿功能，工作电源为 DC12V，面板安装。AP800 和 CP301 连接如图 8 – 15 所示。

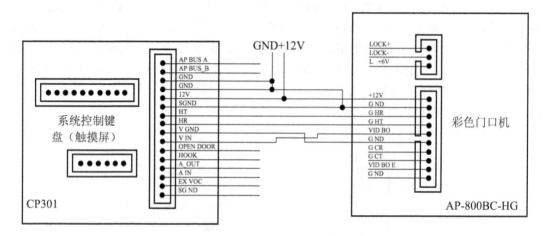

图 8 – 15　AP800 & CP301 连接

8.3　智能家居系统相关配置

8.3.1　实验1：遥控器与模块联动控制

系统的布防、撤防直接接在终端 ApBus 上操作来实现，共有离家布防和在家布防两种方式。

启动 ApBus 调试软件，在"选项"—"串口"中，把编程模块 NC232 的通信口连接到计算机的 COM1 串口，端口速率应为 9600Kps，在确认各项设置正确无误后点击"OK"按钮，进入系统编程。

本实验装置可组成多种多样的模块联动控制，只要是连接在 ApBus 总线上的模块以及安防探测器，操作者可以设定任意两者之间的联动控制，本实验举例设置电动窗帘和灯光之间的联动，要求实现当灯光打开时窗帘自动闭合。其他模块之间的联动控制都可参照此实例设置。

首先连接好智能家居控制系统实验装置的连线，启动 ApBus 调试软件即可打开登录窗口，进入 ApBus 系统编程界面再点击"参数设定——模块通用编程设置"，界面如图 8 – 16 所示。

在设置电动窗帘和灯光之间的联动控制之前，先要分别对窗帘控制模块和灯光控制模块进行编程设置，点击 ApBus 上单机编程模式的"开启"按钮后，同时按住"灯光控制模块"上任意两个按键直至模块指示灯转为红色后放开，便可对模块进行编程。

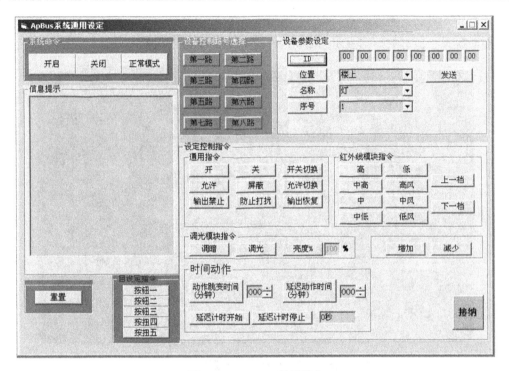

图 8-16　ApBus 通用设定

　　自定义遥控器按键：例如按 1 键（提示：ApBus 软件信息反馈框会收到相关信息，方可进行下一步操作），然后在软件上选择"第一路"——设置为"开"——选"接纳"；例如按 2 键，然后在软件上选择"第一路"——设置为"关"——选"接纳"。设置完成后点击"正常模式"实验完成。

　　"窗帘控制""电源插座模块"设置与"灯光控制模块"相同模块之间的联动：

　　（1）软件"开启"→按住"无线接收模块"进入编程模式。

　　（2）按下遥控器 1 按键→软件上选择第一路→接纳→正常模式。

　　（3）选择要联动的 2 个模块，例如灯光模块：进入编程模式"开启"→长按两个灯光模块按键→红灯亮，自定义遥控器按键"2"→第一路→调光→接纳。正常模式。

　　（4）窗帘模块：进入编程模式"开启"→长按两个窗帘模块按键→红灯亮，自定义遥控器按键"2"→第一路→关→接纳。正常模式。

8.3.2　实验 2：可视终端与模块联动控制

　　在布防和撤防时联动其他模块动作，可极大地方便家庭电器的操作，避免了在布防和撤防时还需要多次操作其他电器设备的麻烦。

图 8-17　遥控器

在布防和撤防时需要联动的模块，操作者可以按自己的想法任意组合。本实例假设为离家布防模式，所有的灯都关闭；撤防时，窗帘打开（图 8 – 18）。

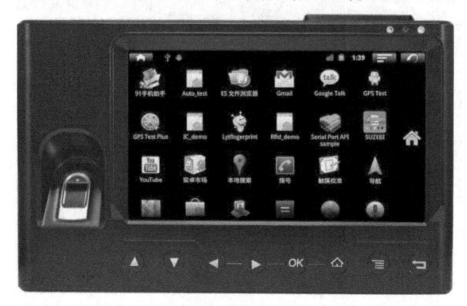

图 8 – 18　可视终端与模块联动

单一布防设置：进入彩色可视终端界面，选择"安防管理"→离家布防设置→选择要布防的对象。在家布防设置、撤防设置同上。

联动布防设置：例如假定起夜灯 1 亮、睡眠时灯 1 关，早晨时窗帘打开、休闲时窗帘关闭。

首先在 ApBus 软件上选择"开启"→在灯光模块上长按两键待亮红灯→彩色可视终端上选择"智能控制"→"起夜"→在 ApBus 软件上选择"第一路"→"开"→"接纳"→"正常模式"。窗帘设置同上。

8.3.3　报警与灯光的联动控制

当有报警信号产生时，智能家居控制系统除了本身会产生报警信息外，还可以联动家庭其他电器设备动作，联动的电器设备实验者可以任意组合，本实验举例门磁报警与灯光的联动。

首先在 ApBus 软件上选择"开启"→在灯光模块上长按两键待亮红灯→彩色可视终端上选择"在家模式"进行布防→触发门磁报警→ApBus 软件上选择"第一路"→"开"→"接纳"→"正常模式"。

第九章　智能巡更系统

9.1　系统概述

随着人们生活水平的提高，人们对安全的意识逐渐加深，安全防范系统已成为建筑的一个重要设施。

电子巡查系统是安全防范系统的一个子系统，其适合高级酒店等一切需要定时定点巡检场所的安全管理使用，是对物防的一个有效补充和管理手段。

智能巡更管理系统是巡逻人员手持巡更器，沿着规定的路线巡查，同时在规定的时间内到达巡检地点，用巡更器读取地点信息钮，巡更器会自动记录到达该地点的时间和巡检人员，然后通过数据通信线将巡更器连接计算机，把数据上传到管理软件的数据库中，管理软件对巡更数据进行自动分析并智能处理，由此实现对巡更工作的科学管理。

9.2　设备简介

1. 巡更巡检器 L－9000P

电源：3.6V 电池；

备注：待机一年（或连续点读 40 万次）；

指示灯：工作状态、故障提示复合指示；

内存：128K RAM；

存储容量：10000 条记录；

工作温度：－40 ～ 90°C；

工作湿度：5% ～ 95%；

外形尺寸：105 mm × 43 mm × 25 mm；

重量：143g；

内置维护数据用锂电池正常使用可长达 100 年以上。

图 9 - 1　巡更巡检器

2. 智能通信座 L－9000PT

电源：6VDC

指示灯：电源，工作状态（发送，接收）指示；

工作温度：－40 ～ 90°C

工作湿度：5% ～ 95%；

图 9 - 2　智能通信座

外形尺寸：140 mm×102 mm×36 mm；

重量：210g；

接口配置：电源，通信（电脑）；

通信方式：USB 接口，可升级为 GPRS/电话线远传通信座；

速率：9600 波特率。

3. 巡更点/巡更螺栓 1990A

序列号：美国原装 TM 钮，出厂设置全球唯一；

外壳：不锈钢密封防水封装，适用于室外恶劣环境；

外形尺寸：16.3mm×5.6mm；

重量：1.6g；

工作温度：-40～85℃；

备注：巡更螺栓通体不锈钢封装，坚固防恶意破坏，隐蔽；

性能好，使用寿命可达50年以上。

图 9-3 巡更点/巡更螺栓

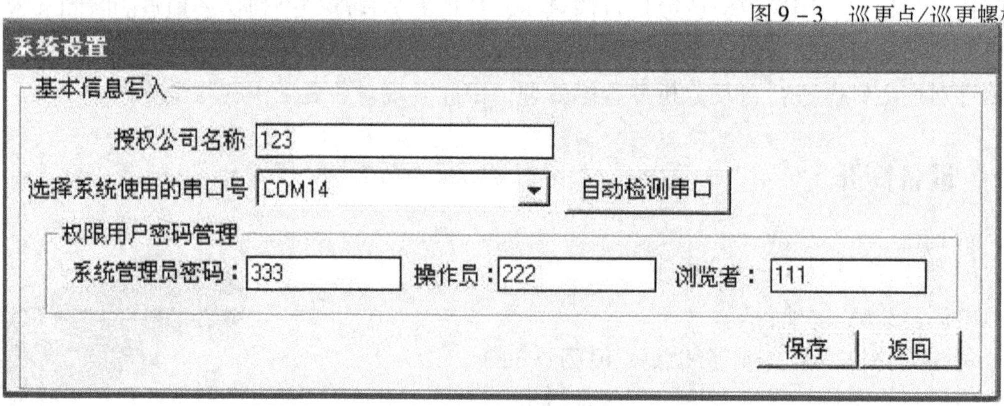

图 9-4 系统设置

系统设置：在第一次进入软件后，应首先对系统进行设置。系统设置分为基本信息写入和权限用户密码管理。如图 9-4 所示，在此可输入公司名称、选择的串口号，并可在此对权限密码进行修改。修改完毕点击"保存"即可。

9.3 智能巡更系统相关配置

9.3.1 实验1：人员钮、地点钮、事件以及棒号设置

1. 人员钮设置

此选项用来对巡检人员进行设置，以便用于日后对巡检情况的查询。设置人员之前，

可先将巡检器清空（将巡检器对电脑传输一次即可），然后将要设置的人员钮按顺序依次读入到巡检器中，把巡检器和电脑连接好，选择"资源设置"→"人员钮设置"点击采集数据，如图9-5所示。电话与地址可以根据需要进行填写，也可以不填。修改完毕退出即可。还可以点击"打印数据"将巡检人员设置情况进行打印。也可以EXCEL表格的形式将人员设置导出，以备查看。

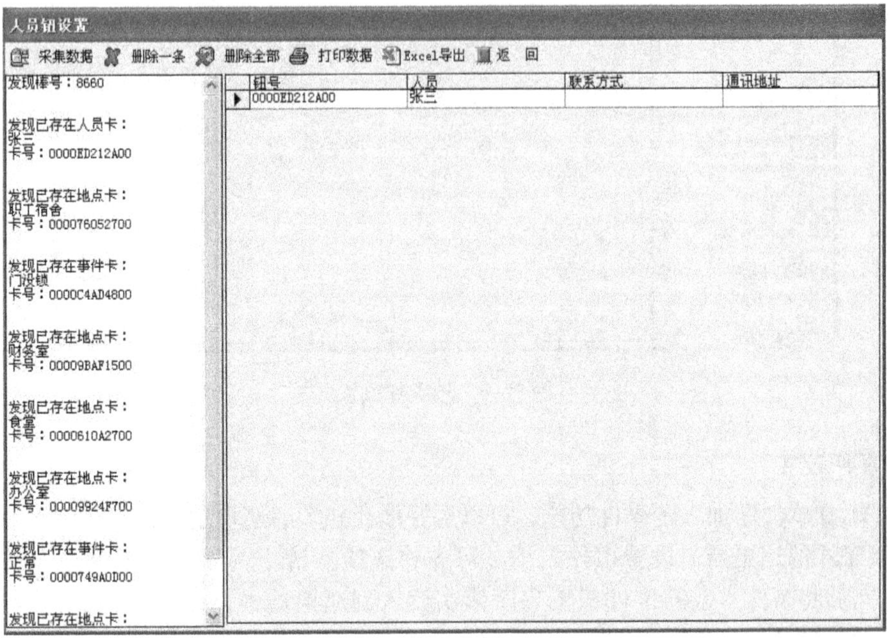

图9-5 人员钮设置

2. 地点钮设置

此选项用来对巡检地点进行设置，以便用于日后对巡检情况的查询。设置地点之前，可先将巡检器清空（将巡检器对电脑传输一次即可），然后将要设置的地点钮按顺序依次读入到巡检器中，把巡检器和电脑连接好，选择"资源设置"→"地点钮设置"点击采集数据，如图9-6所示。按顺序填写每个地点对应的名称。修改完毕退出即可。还可以点击"打印数据"将巡检地点设置情况进行打印。也可以EXCEL表格的形式将地点设置导出，以备查看。

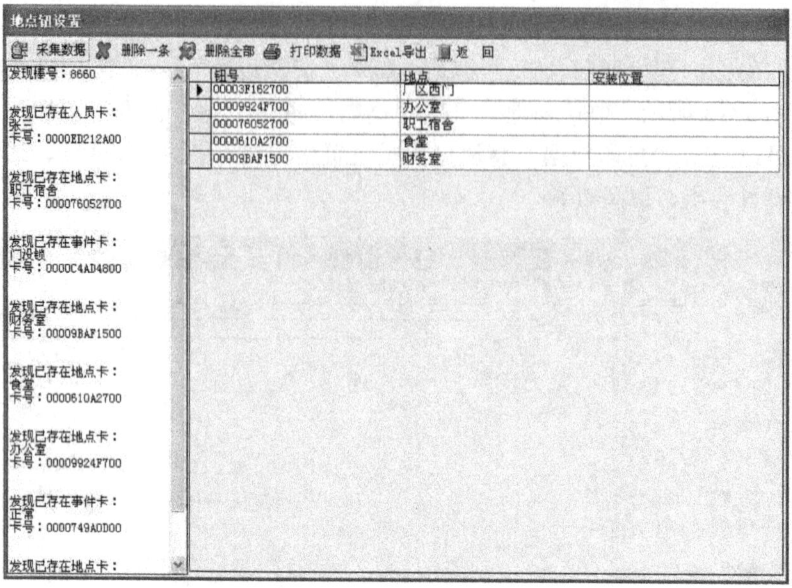

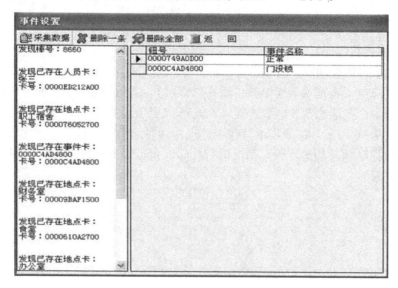

图9-6　地点钮设置

3. 事件设置

L-A1.0 软件新加入了事件功能，可以更好地让您了解巡检地点的具体情况。如您使用的是接触式的巡更器，设置事件之前，可先将巡检器清空（将巡检器对电脑传输一次即可），然后将事件本上的事件钮按顺序依次读入到巡检器中，把巡检器和电脑连接好，选择"资源设置"→"事件设置"点击采集数据，如图9-7所示。

图9-7　事件设置

4. 棒号设置

在使用巡检器之前需要将巡检器的棒号输入到软件中，以便识别。点击"资源设置"→"棒号设置"。将巡检器与计算机连接好，并且将巡检器打开。点击采集数据，会出现如图 9-8 所示：8660 为该棒号码。巡检器属性可以根据需要进行填写，也可以不填。

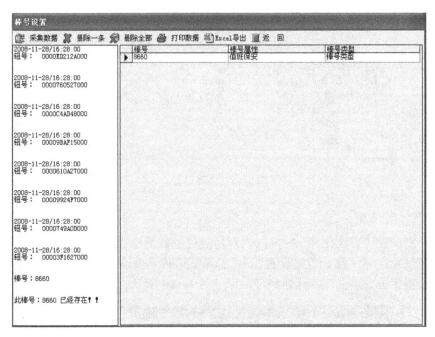

图 9-8 棒号设置

9.3.2 实验 2：巡更计划实施

1. 线路设置

点击"设置功能"→"线路设置"，首先要在线路设置区添加线路名称，然后在地点钮操作区选择一条线路，选择此线路需要巡检的地点，然后点击"导入线路"，右侧的框中便会出现线路设置情况，在到达下一地点时间栏中可以修改从一个巡检地点到下一个巡检地点所需的时间。点击线路预览对线路设置情况进行查看（图 9-9）。

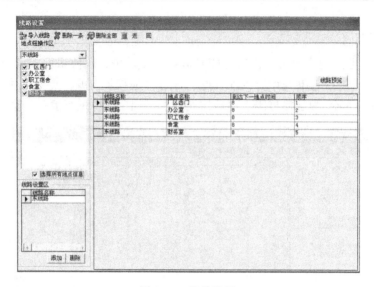

图9-9   线路设置

2. 多天计划设置

多天计划设置即要求在某一时间段内对所选择的线路巡逻一次，不要求时间和顺序。点击"设置功能"→"多天计划设置"，选择需要进行月份设置，然后选择开始时间与结束时间。设置完毕，点击写入计划即可。详见图9-10所示。

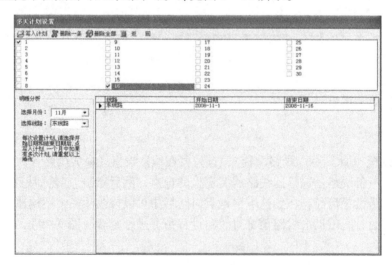

图9-10   多天计划设置

注：如图所设置的计划则是要求巡检人员在11月1日到11月16日时间范围内访问东线路上的地点，不要求到达时间和先后顺序。

3. 有顺序计划设置

有顺序线路设置是对每一个地点巡检的时间严格考核时所应选择的计划。具体设置如下：点击"设置功能"→"有顺序线路设置"，选择需要进行设置的线路，然后在时间栏输入要求对此线路开始巡检的时间。可以对同一条线路进行多个时间计划设置。输入完毕，点击写入数据（图9-11）。

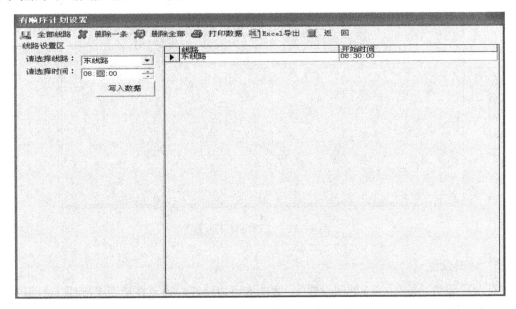

图9-11　有顺序计划设置

4. 无顺序计划设置

无顺序线路设置是对整条线路进行考核时应选择的计划，它不对每个地点做出严格的要求，只要求在一段时间内要对整条线路进行一次巡逻。具体设置如下：点击"设置功能"→"无顺序线路设置"，此功能可以设置对某一线路在一定的时间范围内进行巡检。选择需要进行设置的线路，然后输入开始时间与结束时间。设置完毕，点击写入计划即可（图9-12）。

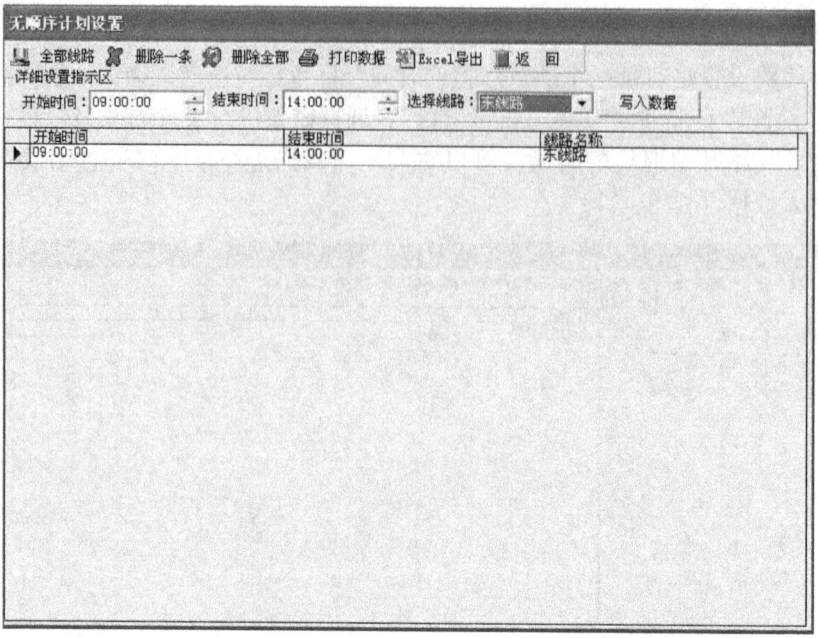

図 9 – 12　无顺序计划设置

5. 地图设置

点击"设置功能"→"地图设置"，此功能可以将巡检地点在地图上标明，便于对巡检情况的查看。设置方法为：选中右侧巡检地点名称，然后双击地图上相应的位置。如图 9 – 13 所示：空心圆点处为厂区西门。点击更换图片可以根据需要更换巡检地图。

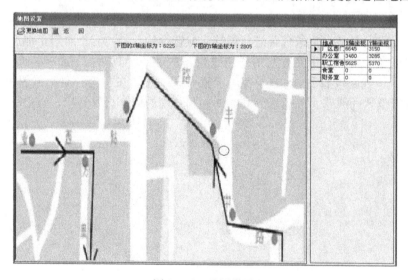

図 9 – 13　地图设置

9.3.3　实验 3：巡更数据管理

1. 采集数据

点击"下载数据"→"采集数据"，将巡检器与计算机连接好并且将巡检器打开，点击"采集数据"将巡检记录传入数据库中，在采集的最后时刻，软件会从巡检器内读取电压值插入数据库，可以在数据操作菜单下的电压检测内查询相应条件的巡检器的电压值。如图 9-14 所示。

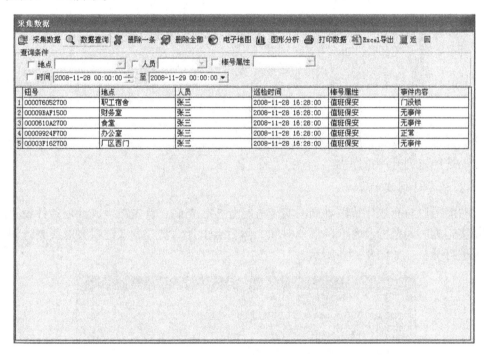

图 9-14　采集数据

注：此外，该软件新增了双击自动排序功能。在所列出数据的表格中双击某一列，软件就会自动按照以列升序排序。

2. 多天计划实施

点击计划实施按钮，软件会自动分析出相对应的考核数据，如图 9-15 所示。

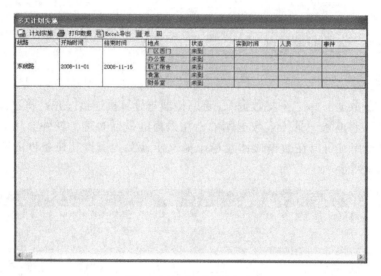

图 9 – 15 　多天计划实施

注：此外，该软件新增了双击自动排序功能。在所列出数据的表格中双击某一列，软件就自动按照以列升序排序。

3. 有顺序计划实施

此功能可以对有顺序线路计划的实施进行分析、查询。首先在生成计划条件设置区选择计划实施的时间范围及容许的误差时间，然后点击计划实施，系统就会对线路计划的实施情况进行分析。如图 9 – 16 所示。

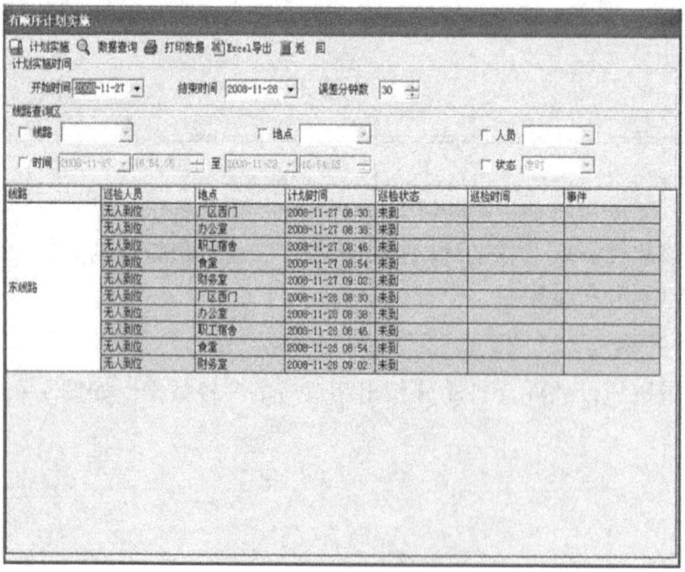

图 9 – 16 　有顺序计划实施

此外，还可以对线路计划的实施情况进行查询。选择需要查询的条件，点击数据查询，如图 9 – 17 所示。

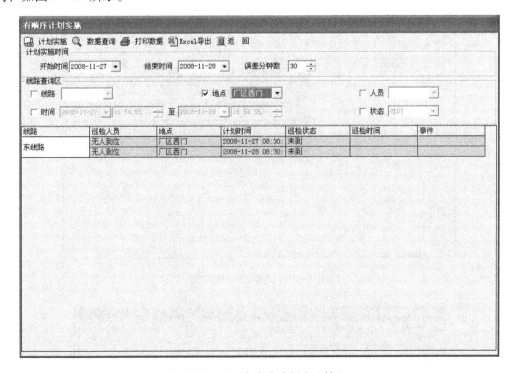

图 9 – 17　查询线路计划实施情况

注：此外，该软件新增了双击自动排序功能。在所列出数据的表格中双击某一列，软件就会自动按照以列升序排序。

4. 无顺序计划实施

此功能可以对无顺序线路计划的实施进行分析、查询。首先在生成计划条件设置区选择计划实施的时间范围，然后点击计划实施，系统就会对线路计划的实施情况进行分析。如图 9 – 18 所示。

此外，还可以对线路计划的实施情况进行查询。选择需要查询的条件，点击数据查询，如图 9 – 19 所示。

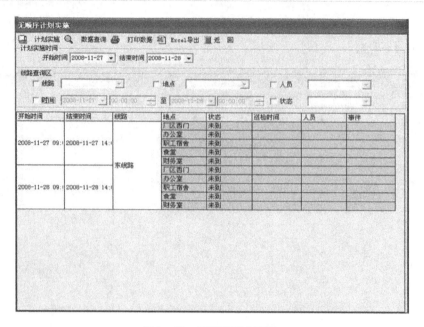

图 9 – 18　无顺序计划实施

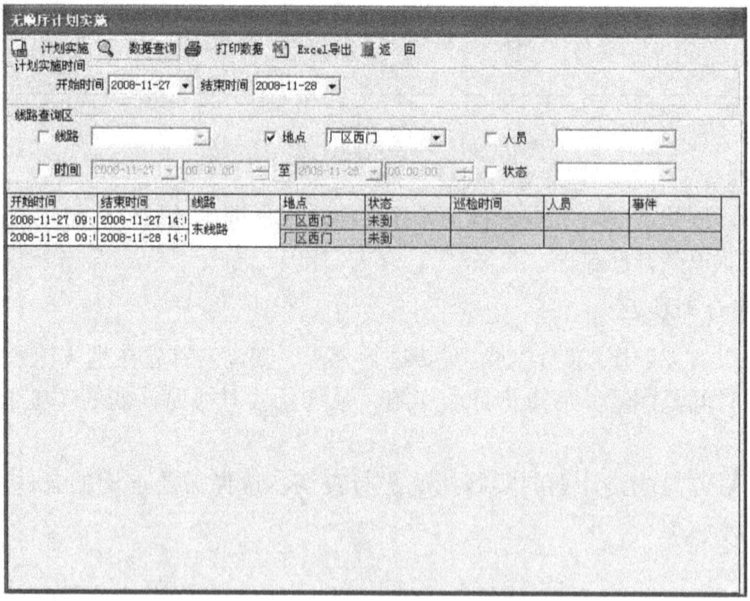

图 9 – 19　查询线路计划实施情况

　　注：此外，该软件新增了双击自动排序功能。在所列出数据的表格中双击某一列，软件就会自动按照以列升序排序。

9.3.4 实验4：数据操作

1. 数据库备份

此功能用于对数据库进行备份，以供日后恢复数据库使用。点击"数据操作备份数据库"此时会出现图9-20，这时用户可根据日期给文件命名，方便以后查询。

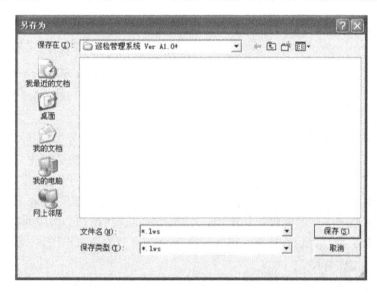

图9-20 数据库备份

2. 数据库还原

用户可根据自己的需要，选择需要还原的时间段，将备份的数据进行还原。但之前数据会丢失，要小心使用。

3. 数据初始化

数据初始化可以把软件中设置的信息恢复在初始化状态，如图9-21所示。

选择您要初始化的项目名称，确定后系统则自动将该项目初始化。

图9-21 数据初始化

第十章　智能布线管理系统

10.1　系统概述

智能布线管理系统采用 B/S 架构，数据库平台采用 Microsoft SQL Server 2008 Express，采用面向对象技术并运用 Java 语言开发实现。系统具有跨平台的特性，可在多种操作系统下运行。国际化语言框架设计，支持多种语言的界面显示。

在目录管理模块中用户可建立布线系统的各种设备（如：终端设备、网络设备、通信线缆、连接硬件、数据中心设备等）的信息模型。在位置管理模块中用户可建立并维护布线系统的各种设备。

拓扑管理模块可自动发现网络中的 Smartel 智能监控物理设备和 Smartel 布线组件物理设备，并迅速在系统中展示网络拓扑结构，用户通过将这些拓扑结构中的物理设备与位置管理模块中的设备建立关联，系统即可对网络中的物理设备的运行状态、端口状态、端口链路进行实时监控和管理。

可自动发现网络节点（包括路由器、交换机和第二层的交换设备如网桥等），检测网络连接，生成和记录 TCP/IP 网络图，系统的界面具有良好的开放性，使得各厂商的网络设备的管理软件均可透过本系统的界面进行调用。

具有全面的网络管理的安全性，系统可以控制整个链路结构，已达到对所有元器件以及网络设备的监视、控制的功能，并完成网络连接安全、网络设备有效利用和网络链路维护的作用。只有得到授权的使用者才有权对安全链路的通断和连接进行操作，如果没有授权的使用者，则没有权利对安全链路实施任何操作。设备的 IP 地址、MAC 地址和布线链路一一对应，自动识别非授权设备：系统可以轻松将某些链路定义为"保密"链路，管理软件通过和有源网络设备协同工作，规定只有带某个或某几个 MAC 地址的设备可以连接到该条链路。如果有非法设备的接入，管理软件将通过各种方式进行报警，从而提高网络对内管理的安全性。

用户可通过系统的工单管理模块创建工单任务，向 Smartel 智能监控物理设备派发电子工单任务，现场维护人员在工单任务的指导下完成 Smartel 单、双配线架的布线操作。所有操作任务都可以通过系统自动生成，在现场有配线架上的指示灯自动指导工作人员完成，省时省力，最大限度地杜绝错误产生。支持全链路管理，支持对网络中任意设备端口间以及设备与 Smartel 电子配线架端口间的连接关系的编辑、查看和监视功能。

系统内嵌 CAD 管理模块，可在 CAD 图（DWG 文件）上直接创建、删除、修改、标注和定位设备，可输出打印 DWG 图形，可测量设备间的距离。具有资产管理功能，对连接在系统内所有的设备进行管理，统计设备的使用率和闲置率，通过油表盘、饼状图和树状图等多种方式进行图形显示。有效利用资源，节省不必要的投资，提高运行质量。

提供强大的报表统计管理功能，搜索查询的结果和资产管理的数据可以由软件根据不同的要求，通过 WORD、EXCEL 和 PDF 等多种格式输出。支持事件管理功能，可记录和显示 Smartel 电子配线架上所有端口的状态变化和连接变化以及管理员的操作内容。当发生报警时，系统可以以邮件和短信方式通知维护人员。

具有对设备和系统的操作权限管理功能。支持跨版本的数据升级功能，使得整个系统可以无缝升级到新版本。支持对 Smartel 智能监控设备软件的远程升级功能。

通过标准的 SNMP 接口对 Smartel 智能监控设备和数据中心的网络设备进行监控管理。

系统可以与第三方软件平台（如 HP OpenView）互通对接。

10.2 SmartelView 智能布线管理系统的应用

登录 SmartelView 成功后，默认进入 SmartelView 的"位置管理"的界面，如图 10 – 1 所示。

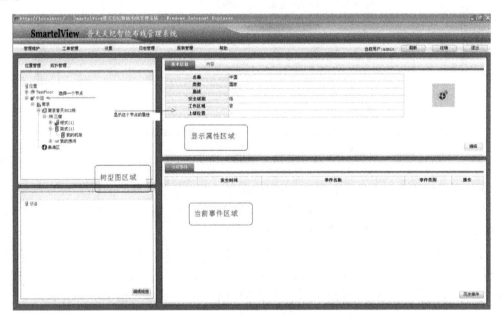

图 10 – 1 系统主界面

SmartelView 的位置管理、拓扑管理、目录管理、工单管理的界面均采用了"左树右览"的平面风格，整个主窗口分为"树形图区域""显示属性区域"和"当前事件区域"。当在左侧的"树形图区域"中单击一个节点后，在右侧的"显示属性区域"中即可浏览到对应该节点的属性信息。"当前事件区域"用于固定显示最新的事件信息。

通常情况下，增加或修改设备信息模型、设备属性时，SmartelView 以弹出式窗口的方式进行人机交互。

例如：添加一个 Smartel 电子配线架设备时，弹出如图 10 - 2 所示的窗口，用户输入相应的信息后，按"保存"按钮，SmartelView 保存成功后自动关闭该窗口。

图 10 - 2　添加配线架

实际网络应用中，各种设备端口间的连接关系错综复杂，SmartelView 提供独特直观的展示和编辑设备端口关系的窗口界面，在这样的窗口中，用户可以查看任意端口所在的完整的端口链路，也可以编辑端口间的连接关系。

打开编辑端口链路窗口后，用户只要先在位置管理的树形图上单击一个设备，或先在设备的端口表上单击一个端口，再在该窗口中任意空白之处单击鼠标左键（如图 10 - 3 所示），那么便可显示这个设备或这个端口的完整的端口链路（如图 10 - 4 所示）。

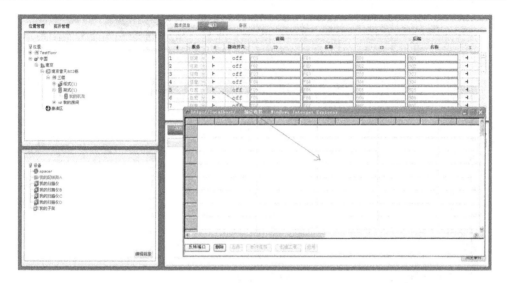

图 10 - 3　查看端口链路 1

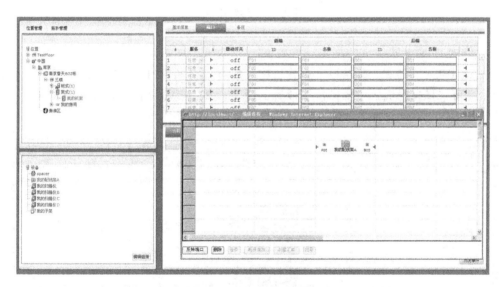

图 10 - 4　查看端口链路 2

在该窗口中，用户可对窗口中的端口进行"连接"和"断开连接"操作，如图 10 -
5 所示。

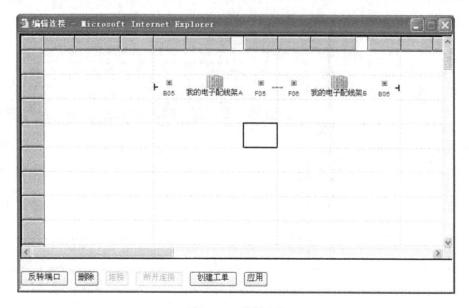

图 10 - 5　编辑连接

1. 查看机架窗口

SmartelView 在位置管理中提供查看机架中所有设备的窗口，如图 10 - 6 所示。在该窗口中，可选择查看机架中各槽位上放置的设备，SmartelView 具备自动计算机架空间的功能，让用户更好地管理自己的资产。

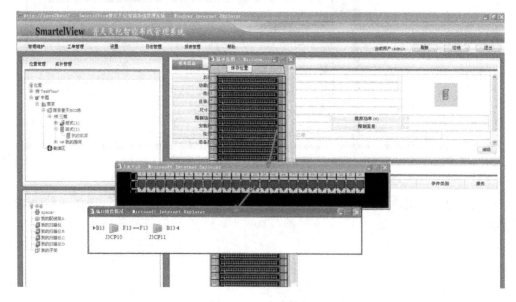

图 10 - 6　查看机架

点击机架中的一个 Smartel 电子配线架，可弹出一个查看该配线架设备的窗口，点击该设备的一个端口，又可弹出一个查看该端口的完整链路的窗口。

2. CAD 管理窗口

SmartelView 支持 CAD 管理，在 CAD 管理窗口中可进行增加、修改和删除设备的管理，可进行设备在 CAD 图上的定位和查找操作，可在 CAD 图上进行编辑端口链路的操作，如图 10 - 7 所示。

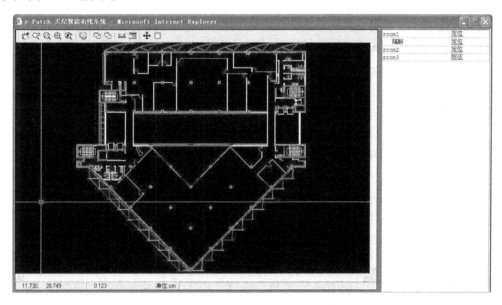

图 10 - 7　CAD 管理窗口

SmartelView 的主菜单位于主窗口的固定位置中，如图 10 - 8 所示的长条方框区域内。

图 10 - 8　主菜单

主菜单包括：

（1）【管理维护】菜单项：单击此菜单项，进入 SmartelView 管理维护主界面，在该界面中用户可进行位置管理和拓扑管理，主要功能有：

①创建、编辑和删除位置信息。

②创建、编辑和删除设备属性。

③编辑、查看设备的端口链路。

④CAD 管理。

⑤查看机架设备中的设备、设备的端口链路，在机架设备中重新定位设备位置。

⑥侦测网络中 Smartel Master 物理设备，自动发现并在 SmartelView 中建立 Smartel 网络拓扑。

⑦建立/取消网络中 Smartel 物理设备信息与在 SmartelView 中创建的 Smartel 设备的关联关系。

⑧主动更新或手动更新 SmartelView 中的 Smartel 设备的当前运行状态及 Smartel 布线组件的端口状态。

（2）"工单管理"菜单项：单击此菜单项，进入 SmartelView 工单管理主界面，在该界面中用户可创建、编辑、删除及执行工单。

（3）"设置"→"目录设置"菜单项：单击此菜单项，进入 SmartelView 目录管理主界面，在该界面中用户可建立各种设备的信息模型。

（4）"设置"→"权限设置"菜单项：单击此菜单项，进入 SmartelView 权限管理主界面，在该界面中用户可创建、编辑和删除 SmartelView 用户，并可对 SmartelView 用户的操作权限进行管理。

（5）"设置"→"系统字典"菜单项：单击此菜单项，进入 SmartelView 的图片和图标管理的主界面，在该界面中用户可对在 SmartelView 中使用的图片、图标等资源文件进行管理。

（6）"设置"→"事件过滤设置"菜单项：单击此菜单项，进入 SmartelView 的事件过滤设置的主界面，用户可以为自己定制显示事件的类型和显示方式，通过该功能的设置，可以过滤掉自己并不关心的事件。

（7）"设置"→"事件通知管理"菜单项：单击此菜单项，进入 SmartelView 的事件通知管理的主界面，在该界面中用户可以设置当事件发生时 SmartelView 发送短信和邮件的相关参数。

（8）"设置"→"软件升级"菜单项：单击此菜单项，进入 SmartelView 的软件升级的主界面，在该界面中用户可以通过 SmartelView 对网络中的 Smartel 智能监控物理设备中的软件进行远程升级操作。

（9）"报表管理"菜单项：单击此菜单项，进入 SmartelView 的报表管理的主界面，在该界面中用户可以查看、打印、导出当前 SmartelView 的资产类别、固定资产、工单、端口链路等类型的报表信息。

（10）"帮助"菜单组：包含了一组 SmartelView 的联机帮助子菜单项，用户可以获得相关的帮助信息。

SmartelView 提供功能丰富的弹出式菜单，当用户在树形图的节点、设备端口列表、工单任务列表、CAD 视图上选择了操作目标后，通过单击鼠标左键或右键，可弹出针对该操作目标的一组弹出式菜单项，用户选择需要操作的菜单项后，即可执行相关的功能操作，极大方便用户的操作。

弹出式菜单分为鼠标左键弹出式菜单和鼠标右键弹出式菜单，具体的弹出式菜单的功能在相关的章节中会详细介绍。

（11）鼠标右键弹出式菜单

如图 10-9 所示，当用户在一个树形图中选择了一个节点（图 10-9 中的"我的机架"节点）后，单击鼠标右键，即可弹出针对该节点的一组菜单项。当用户选择了一个菜单项（图 10-9 中的"添加终端设备"菜单项）后，即可对该节点执行该菜单项的功能操作。

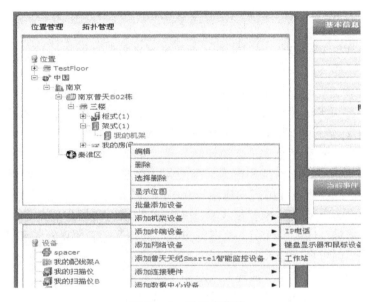

图 10-9 弹出式菜单

如图 10-10 所示，当用户在设备端口列表中选择了一个端口（图 10-10 中的编号为"1"的端口）后，单击鼠标右键，即可弹出针对该端口的一组菜单项。当用户选择了一个菜单项（图 10-10 中的"编辑链接"菜单项）后，即可对该节点执行该菜单项的功能操作。

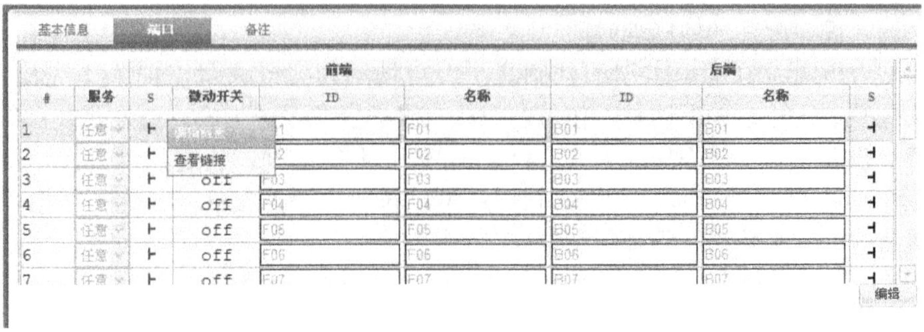

图 10-10 编辑链接

在系统的位置管理、拓扑管理、目录管理、工单管理、CAD 视图等管理界面中，SmartelView 提供鼠标右键弹出式菜单。

10.3　系统特色总结

南京普天天纪楼宇智能有限公司以端到端的方法来管理网络基础设施，全套的软硬件产品构成行业领先的 Smartel 全智能电子配线架解决方案。

通过对普天天纪几个主流产品，Smartel 布线组件、Smartel 智能监控设备和强大的 SmartelView 普天天纪智能布线管理软件的完美组合，SmartelView 普天天纪智能布线管理系统让你对网络连接关系、网络服务状态和网络资产利用的程度了如指掌。您再也不用面对无奈的"救火式"管理模式，取而代之的是潇洒的智能型网络规划、配置、操作和运行管理等工作。

SmartelView 普天天纪智能布线管理系统既适用于数据中心，也适用于楼宇环境区域。

SmartelView 普天天纪智能布线管理系统解决方案使用先进的应用软件对全网的智能设备组件和扫描仪进行不间断的监视和管理。SmartelView 是外嵌型解决方案，整个电子配线架系统与网络传输系统处于完全物理面分离，相当于位于通信网络的外部。SmartelView 可同时支持对电子单配线架和电子双配线架的管理。南京普天天纪楼宇智能有限公司电子配线架系统在各行各业的成功应用让众多的客户真正地体会到了物有所值的感觉。

Smartel 普天天纪智能布线系统根据楼宇布线的需求，向用户提供各种铜缆、光纤解决方案，支持目前最高的传输标准，所有的布线产品相互配套使得安装和维护非常简便顺畅，网络的连接牢固可靠。普天天纪布线系统由多种类型的配线架、线缆、跳线和接口面板组成，其中部分产品技术属南京普天天纪楼宇智能有限公司独家拥有。

Smartel 属于南京普天天纪楼宇智能有限公司电子配线架的有源设备产品部分，为系统提供全面、准确的物理层连接信息，Smartel 的模块化设计让用户可以实现最大程度的灵活配置。

SmartelView 软件管理 Smartel 硬件，监控所有智能布线组件的运转情况，同时利用本身的自动探测机制采集网络数据。SmartelView 能进行集中型或分布式配置，既可本地管理，也可远程管理。SmartelView 提供的数据和建立的数据库都能做到 100% 的准确，是所有网络组件连接情况的可靠信息源。SmartelView 能即时发现连接中断的设备和用户，实现自发网络排障，减少平均修理时间。

SmartelView 建立在准确数据的基础之上，自动迅速完成大量以前人工完成的任务，包括自动配置、工作订单下达和工作单的执行、设备资源报告生成，引导跳线操作而完成网络及终端设备的移动、添加和更改。结合 CAD 图形的管理，让定位设备操作变得直观快捷。基于 Web 的设置，SmartelView 软件还可以排除网络连接故障、保护信息安全、监视非法设备接入、优化网络资源利用等。

附　　录

附录1　安防报警系统

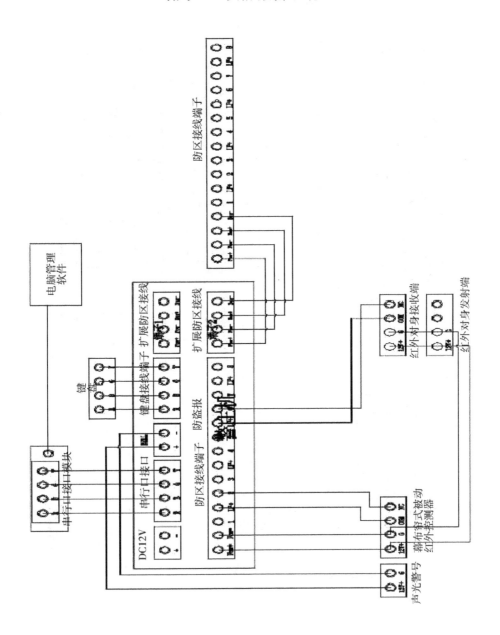

附录2　实训单元对讲门禁系统

附录 3　实验台智能家居系统

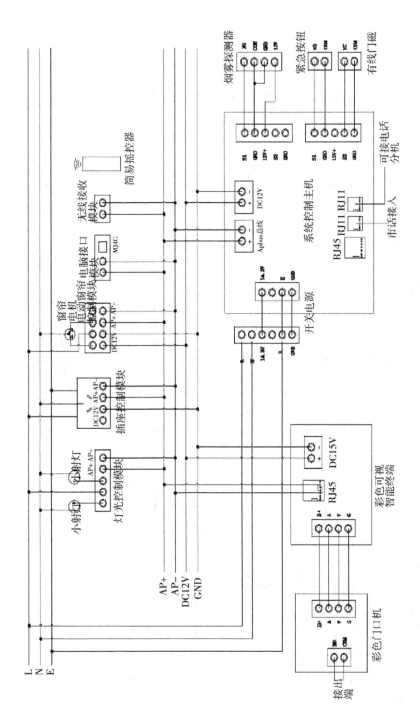

附录4 教学楼网络工程平面设计图

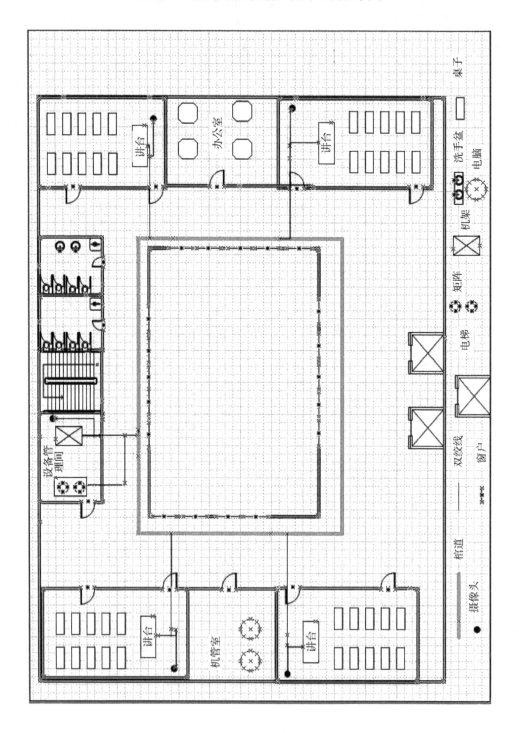

附录5　某学生宿舍楼层信息点和管线布线图

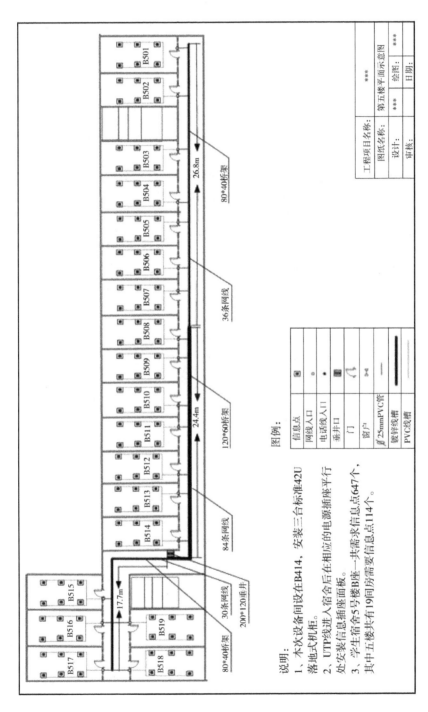

参 考 文 献

［1］杜思深. 综合布线［M］. 2 版. 北京：清华大学出版社，2010.

［2］余明辉. 童小兵. 综合布线技术教程［M］. 北京：清华大学出版社，2006.

［3］吴达金. 综合布线系统使用技术手册［M］. 北京：人民邮电出版社，2008.

［4］吴柏钦. 综合布线设计与施工［M］. 北京：人民邮电出版社，2009.

［5］贺平. 网络综合布线技术［M］. 北京：人民邮电出版社，2010.

［6］郭红涛. 网络综合布线设计及施工技术探究［M］. 北京：中国水利水电出版社，2015.

［7］向忠宏. 综合布线产品与案例［M］. 北京：人民邮电出版社，2003.

［8］李京宁. 网络综合布线［M］. 北京：机械工业出版社，2004.

［9］刘化军. 综合布线系统［M］. 北京：机械工业出版社，2005.